赵凡◎编著

纵然世界再喧嚣，我也会安静以对

廣東旅游出版社
GUANGDONG TRAVEL & TOURISM PRESS
悦读书·悦旅行·悦享人生
中国·广州

图书在版编目（CIP）数据

纵然世界再喧嚣，我也会安静以对 / 赵凡编著. — 广州：广东旅游出版社，2016.9（2024.8重印）

ISBN 978-7-5570-0465-1

Ⅰ. ①纵… Ⅱ. ①赵… Ⅲ. ①成功心理－通俗读物 Ⅳ. ①B848.5-49

中国版本图书馆CIP数据核字（2016）第 209765 号

纵然世界再喧嚣，我也会安静以对

ZONG RAN SHI JIE ZAI XUAN XIAO , WO YE HUI AN JING YI DUI

出 版 人 刘志松
责任编辑 李 丽
责任技编 冼志良
责任校对 李瑞苑

广东旅游出版社出版发行

地　　址 广东省广州市荔湾区沙面北街71号首、二层
邮　　编 510130
电　　话 020-87347732（总编室） 020-87348887（销售热线）
投稿邮箱 2026542779@qq.com
印　　刷 三河市腾飞印务有限公司
（地址：三河市黄土庄镇小石庄村）
开　　本 710毫米×1000毫米 1/16
印　　张 16
字　　数 240千
版　　次 2016年9月第1版
印　　次 2024年8月第2次印刷
定　　价 68.00元

序言

或许，我们太在乎，反而适得其反；也许我们太在意，却失之自然；正是我们“喻于利”，亲情、友情、爱情才会离我们越来越远，人与人之间就只有利用和交换，充满了物质和金钱的味道。这怪不得我们。物价快速增长，看病如此昂贵，房价如此高，生活压力如此大，我们不得不殚精竭虑，如履薄冰，与天斗，与地争，与人搏，去追名，去逐利，其苦也无穷，其难也无尽！

在经济高速发展、物欲横流的社会中，我们的心灵变得越来越浮躁，越来越冲动，越来越喜欢逃避。来自社会方方面面的压力和快节奏的生活方式，已经让我们越来越喜欢伪装，慢慢忽略了自己内心的声音。其实，现实生活中很多东西并不是生活必不可少的。王侯将相和凡夫俗子离开这个世界的时候有什么区别？俗世铅华使我们的翅膀变得沉甸甸，从而失去了翱翔时的灵动和机巧；浮萍般的名利使我们的心灵变得模模糊糊，从而没有了“采菊东篱下，悠然见南山”的优雅和平和。

所以，我们需要开始一次寻找本心的旅行，让自己能够听得到自己内心最真实的声音，这样，我们才不会觉得每天都无所事事，无精打采！

古人说：“每临大事有静气。”“静而后能安，安而后能虑，虑而后能得。”静心，指的是去私欲障碍，立心中“智”字，即在尘世中安下心来，不让名利等外物占据心田。静心智生，智生事成。静心，说到底它是一种境界。《礼记》上讲：“人生而静，天之性也；感物而动，性之欲也。”忙忙碌碌的生活，各种各样的压力，让生活在这个时代的我们有一种窒息的压迫感。尘嚣世界，忙碌人生，在躁动中我们往往会迷失自我。这一切皆因我们的心不静，静由心生，心不静，则烦恼生！

所以，想要开始这段旅程，就需要我们首先能安静下来，我们只有安静下来，我们才能整理自己的思绪，对自己的以前做一个回眸和总结，才能找到我们自身的正能量；安静下来，你会意识到，其实生活中许多事情我们都没必要去争执。当为了一时的对错跟别人争执的时候，才是我们最愚蠢的时候；安静下来，保持一颗平静真实的心，听从内心真实的声音，追随自己内心的方向，我们的生命才会有色彩，我们的人生才有了意义；安静下来，你会发现，这个世界本来很美，当你用一颗安静的心来看待这个世界的时候，它已经将自己美好的一面毫无保留地展现在了你的面前！

在繁杂的人世间，能够保有一份心灵的宁静，随时回到自己的内心深处，细细品味生命的微妙，无疑是一种修身养性的人生境界。紧张时静静心，你会拥有一份从容和镇定；愤怒时静静心，你更能和风细雨地化解矛盾；疲惫时静静心，你会更有信心走好后面的路；得意时静静心，不要过分忘形，你会发现这点成功实在是微不足道；失意时静静心，不要盲目悲观，你会发现自己其实有很多优点；痛苦时静静心，不要借酒消愁，你会发现看淡一点，快乐其实离你并不遥远；绝望时静静心，不要意气用事，你会发现生活的另一面正阳光灿烂、繁花似锦……来去匆匆的人生旅途中，停住忙碌的脚步，静心是件幸运的事。静心让压力的灰尘得以沉淀、洗涤，让压抑的情绪得到放松，让匆忙的步调得以舒缓。

所以，不要再执着地坚持你的不快乐。给自己的心灵放个假，去追求那些属于自己的幸福！让我们大声地喊出来：

纵然世界再喧嚣，我也会安静以对！

目录
Contents

能放下是一种领悟、一种在历经磨难后的豁达，因为有时候想放下也不一定能放下。“放下包袱，且歌且行”——对于生活，我们要积极应对，放下精神和物质的“包袱”，以一种超然的态度去看待人生、创造人生、享受人生。不要因为一点点与目标无关的小事使自己的身体和心理承受不必要的压力，“放下”便是为自己打开一扇通向光明的窗，“放下”便是选择了一条豁然开朗的生命之路。

第三章　因为安静，所以心灵就释然了 / 067

任何事情在发生的一刹那或许会想不明白，但每当静下心来再想的时候，你就会想通了，人生也是一样，只有你安静下来，沉淀自己，那么，你对以往的事情也就释然了！

第四章　安静向暖，莫让烦恼过夜成殇 / 093

人的苦恼，不在于获得多少、拥有多少，而是想得到更多，而人的快乐，不是因为他拥有得多，而是因为他计较得少。静下心来仔细想想，任何事都有一个度，超过这个度，很多事就可能变得极其荒谬。因为得不到的而苦苦折磨自己，只能用一个字给其定论，那就是“累”。为什么要跟自己过不去呢？要知道，怎么过都是一天，我们为何不开心度过每一天呢？

在这个世界上，有许多事情是我们所难以预料的。我们不能控制际遇，却可以掌握自己；我们无法预知未来，却可以把握现在；我们不知道自己的生命到底有多长，但我们却可以安排当下的生活；我们左右不了变化无常的天气，却可以调整自己的心情。只要活着，就有希望。别跟自己过不去，只要每天给自己一个希望，就算人生不够完美，也能微笑着去唱失意生活的歌谣。

人生是一个质数，总有它除不尽的地方，生活不会永远像清晨的阳光那样温馨明朗，也不会像无风的蓝天中飞翔的鸟儿那样舒适安逸，与人相处也好，与自己相处也罢，总是有很多矛盾、烦恼、苦难……于是很多人悲叹生命的短暂和生活的艰辛，其实人生就是这样，得失无常，唯有常存安静之心，常存宽容之心，优雅的人生，就是用平静的心，平和的心态去对待他人和自己。一切取决于心态，安静下来，让自己的心灵得到慰藉，慢慢阳光就会照进来。

如果想成为一个幸福的人，就应该学会知足，知足者才能常乐。困境中知道寻求比上不足比下有余的平衡，从而满足自己的现状，珍惜自己的拥有，远离欲望的烦恼，品味人生的快乐，保持精神愉快，情绪安定，乐而忘忧。

第一章 安静才能找到生命的本源

没有一种生活是完美的，也没有一种生活会让一个人完全满意。如果喧嚣和抱怨成了习惯，就像搬起石头砸自己的脚，于人无益，于己不利，生活就成了牢笼一般，处处不顺，处处不满；反之，则会明白，自由地生活着，本身就是最大的幸福，哪会有那么多的喧嚣和抱怨呢？

当下幸福，你感受到了吗

童年时，我们都玩过积木。在不同的孩子手中，可以拼出不同的造型，可以说是千姿百态，千变万化。但不管怎样去拼积木，总是有缺陷，设计好一种造型后，觉得不完善，于是又重新去拼，结果，还是有不满意之处，于是有可能继续下去……做人就像拼积木一样，到达一个目标，实现一个想法之后，总觉得还有这样或那样的缺憾，于是又去找想象中的那种圆满。一生总是不停地在寻找，但总是未能如愿，最后，许多人都是带着一丝遗憾离开了世界。

其实，十全十美在现实生活中是很难找到的，这种完美之事只存在于人的想象当中。而且人的美好并不完全取决于完美无缺，而恰恰是因为有缺憾之处才会有追求和拼搏，才会使自己的生命分外多彩起来。大多数人都知道断臂的维纳斯塑像，她的断臂当然不是雕塑家的初衷，而是从地下挖掘出来时无意中给碰掉的，可是人们却惊讶地发现她是如此之美。也许这种美恰恰就在于她的残缺——失去双臂，这就是残缺美。失去也是得到，有缺憾的地方正好给人们留下了广阔的想象空间。没有最好，只有更好，有志者总是在这样的信念下追求着。要做到这一点，就要打开两扇心灵窗户，只开一扇窗户，就会视野狭隘，使自己变得孤陋寡闻，只能看到比自己逊色的人；多打开一扇窗，眼前就会变得豁然开朗，不仅会欣赏到自然美景，而且还会接触到智慧和才能比自己更优秀的人。

从前，一个圆圈缺了一块楔子。它想保持完整，便四处寻找那块楔子。由于不完整，所以它只能慢慢地滚动。一路上它对花儿露出羡慕之色。它与虫子谈天说地，还享受到阳光之美。圆圈找到了不同的楔子，但没有一件与它相匹配。所以它将它们统统置于路旁，继续寻找。终于有一天，它找到了一个完美的配件。圆圈非常高兴，认为自己真的是完美无缺了。它装好配件，并开始滚动起来。现在它已成为一个完美无缺的圆圈，所以滚动得非常快，路边的野花难以欣赏，也无暇和小虫子说话。当它意识到因自己的快速奔跑而要失去原有的世界时，不禁停了下来，将找到的配件弃之路旁，又开始慢慢地滚动。

从某种意义上讲，当我们失去一些东西的时候，反而更加完整，一个拥有一切的人，其实在某些方面是一个穷人，他永远体会不到什么是渴望、期待以及如何用美好的梦想来滋养自己的灵魂，他永远也不会体验到，一个爱他的人给他送来某种梦寐以求的或者未曾有过的东西意味着什么。

做人的完整性，在于知道如何面对缺陷，如何勇敢地摒弃不现实的幻想而又不以此为缺憾。做人的完整性还在于学会勇敢地面对悲剧而继续生存，能够在失去亲人后依然表现出完整的个人风范。做人不是上帝为谴责我们而给我们布下的陷阱。做人也不是一场拼字游戏比赛，不会因为出现一个错误，就使你前功尽弃。做人更像球赛，即使最好的球队，也有输掉的时候，最差的球队也有春风得意的时候。因此我们的目标就是多赢球，少输球。当我们接受不完整是人类本性的一部分时，当我们不断地进行人生创造并能欣赏其价值时，我们就能获得其他人渴望的完整人生。

这就是对我们的要求：不求完美，也不求不犯错误，而是求得做人的完整。

所有的所有，你都需要珍惜

容貌，是与生俱来的，是父母给的。有的人漂亮，有的人丑陋，也有的人，既不美丽，也不丑陋，属于中不溜的那种。

其实很多人都承认，无论容貌好与坏，带给人的烦恼往往是一样多的。

容貌美丽者有容貌美丽者的烦恼，这往往是容貌平平的人所体味不到的。美好的容貌，可能给你带来幸运，却不一定能带给你幸福。美好的容貌是一张通行证，不过这张通行证既可以使人上天堂，也可以使人下地狱；而容貌美丽者往往又体味不到容貌平平所带来的烦恼，整日生活在“求美无小事”中，或梳妆，或保养，日子久了，难免生出些烦闷。

不过常人并不管这么多，尤其是那些容貌平平者和容貌丑陋者。常言道：“郎才女貌”，“窈窕淑女，君子好逑”，可见，容貌的美丑对于女人更为重要。

既然有美丑之分，就少不了有个标准。

古时说书的形容美人是这样的：瓜子脸，柳叶眉，丹凤眼，樱桃小嘴，体形也是不高不矮，不肥不瘦，“增一分则长，减一分则短”，美妙绝伦。

美丽的标准也不是绝对的，单就我们中国的历史而言，历朝历代对美的认识就不统一，甚至有可能相互冲突。“楚王好细腰”，所以，赵飞燕的细腰倾倒全国的男子。到唐朝，就以胖为美了，杨贵妃的模样是当时妇女的“崇拜偶像”。但到宋朝，就又变为以瘦为美了。

但不论怎样，没人否定爱美这一点。爱美之心，人皆有之。孟子尚且说道：“食色，性也”。就是说喜爱美丽的事物和喜爱食物一样，是人的本能。

美丽，不仅能让别人赏心悦目，更能增加自己的自信。竞争激烈的现代社会，尤其证明了这一点。所以那些即将毕业，忙于找工作的同学，更不忘把自己打扮得美丽一些，因为“美丽”方可“动人”。

美，是一种至高无上的东西。追求美，无可厚非。从古至今，人都在追求着美。美，有心灵之美，有容貌之美。心灵之美，是见不着的，容貌之美是形之于外的，是随时随地可见的。所以，人更多的是注重自己的外在美。甚至可以为了保存自己的外在美，而放弃内在的东西。这种极致，为威胁利诱以达到某种目的提供了依据。

但人毕竟有美丑之分，美人也会有一点点缺陷，丑人想要美一点，美人想要更美一点，这样，“求美”就出现了。求美，是人的一种天性。就说外在美吧，外在美有天生之美与人工之美之分。当天生容貌不能与别人相比时，就会求助人工美，进行美容。美容，就是针对人的这一心理而兴起的一门行当。就是试图改变一个人的外在形象，改变自己与生俱来的不足。

还记得那位替父从军，南征北战的巾帼英雄花木兰吗？驰骋沙场多年的她，回到家中做的第一件事，就是“开我东阁门，坐我西阁床”，然后，从从容容地“对镜帖花黄”。目的很简单，用些装饰品，把自己打扮得漂亮一些，还我女儿装。

古时的女人们，就已经很会“求美”了，可以修剪眉毛，帖花黄（就是把一些有颜色的纸剪成星月等形状，贴在额头上），可以给脸上擦胭脂，嘴上涂唇膏，头上别上各式各样的簪子。

时至今日，求美的方式就更多了，对普通容貌的人而言，变成美人已经不再是一个遥不可及的梦想。现代的整容手术，能让你不敢相信自己的眼睛，还有整形手术，也能让“丑人”脱胎换骨。而且基因技术已经给我们预示了美好的未来。可以在父母亲交合的那一刻，修改不满意容貌的基因，比如，把单眼皮的基因修改成双眼皮的基因，把矮个子基因修改成高个子基因，把黑头发基因修改成黄头发基因。如此一来，我们可真要生活在一个赏心悦目的世界里了。

不过，真到那时，也还有美中不足，就是美的标准问题。如果有个统一的标准，那么，满眼的美女中，就很难分清楚这个“美人”和那个“美人”，丈夫找不着妻子，儿子找不到妈妈，麻烦就来了。如果没有统一标准，那各个不同标准的“美人”闹将起来，譬如现在的“某某小姐”选美大赛就乱了套了。

一个人的容貌本来也没什么，可是人是一种追求完美的高级动物。况且，人还有意识，总希望自己眼前的东西能够“赏心悦目”，因此容貌的美丑就极为重要了。

“庸人”，还是有点烦恼比较好

庸人，就是平凡之人。他们没有超人的力量，没有卓越的智慧，没有强者的才干，没有勇者的胆略，没有仁者的贤良。显而易见，在社会进步的历史车轮中，庸人是无足轻重的，只需在有能力、有才干、有智慧的人们的领导和教导下，按部就班地、一步一个脚印地向前走就行，不需要智慧的双眼明辨方向，不需要惊人的力量改造世界，也不需要思考。不用担心明天有没有面包吃、有没有工作干，只需听从吩咐，其余，就大可以放心睡个安稳觉了。

庸人虽属平庸之辈，但并不是俗不可耐。一个庸人，本来过着无忧无虑的生活。无奈，庸人不知自己的幸福所在，因此并不知对那些给自己“幸福生活”的人感恩，闲下了，又没有睡着，开始有点烦恼：一天又一天，重复又重复，真没意思。如何才能有点意思？就这样琢磨着睡着了。第二天，和往常一样，第三天、第四天，也都无忧无虑地过去了，渐渐地，他几乎忘了自己的这个想法。

可不久，庸人又有点烦恼，他又想到日复一日地重复的无趣，于是又想到了改变自己的生活，这样几次后，庸人烦闷异常，不知该不该按自己的想法去做，一切烦恼都由自己产生，实在是“庸人自扰”。但最后，庸人终于决定自己到外面看一看，改变一下。

庸人出发了，当然，他没有同其他人商量。于是，他看到山，看到河，看到阳光，看到希望，也看到幸福。庸人庆幸自己的烦恼，如果没有烦恼，他现在还在那里日复一日地重复。他决定不回去了，留在这里。

还有传说中杞国那个人，好好地过着衣食无忧的日子，他却偏偏要想到“天”的问题：天会不会有一天掉下来砸着我呢？并为此大伤脑筋。“天”在人们头顶上，一年又一年，从没有掉下来过，也从没有掉下来的迹象，为“天”发愁，实在是“庸人自扰”！

假如世上真没有“庸人自扰”，那么直到现在，人肯定还是在丛林之中，裹着兽皮，嚼着生肉，住在岩洞里，过着日出而作，日落而息的原始生活呢。因为作为无所不能的造物主，创造了亚当和夏娃后，压根就没有想着让他们有“智慧”，那可怜的“智慧果”不就是他们受到罪恶的蛇的诱惑，产生“想吃它”的烦恼，并被折磨得难以忍耐后，才弃上帝的忠告于不顾，最终“偷吃禁果”吗?

若真没有“杞人忧天”，人类直到现在还可以为所欲为，而不用被“地球也是有生命的，也是会从宇宙中消失的”这样的问题苦恼，就不用受“保护环境，可持续发展”等事情的影响，随心所欲，岂不自在?

芸芸众生的我们，也常常自寻烦恼，好生无趣。比如，明明有馒头吃，却仍要烦恼：面包是什么滋味，要能尝尝就好了。住在遮风挡雨的木屋，看着屋外的雨点落地该是多么惬意，却自寻烦恼：有朝一日，能住进宽敞明亮的大瓦房多好。烦恼无处不在，欲望无止境。有了车子，为房子而“烦”，有了房子，为别墅而“烦”，为名誉而“烦”，为地位而“烦”；有了老婆，为没有情人而烦恼；有了工资，为没有外快而辗转反侧，钱少的人为挣钱而烦，钱多的人为钱更多而愁……

可见，自寻烦恼实在是人的“劣根性”，就像荒野的草一样，“野火烧不尽，春风吹又生”。虽然没人喜欢烦恼，但也没有人能摆脱烦恼。不过，有烦恼，也未见得就不是一件好事。

因为烦恼，我们想要改变自己的生活和命运，于是我们全力以赴，考学、考资格证，起早贪黑地奔波赚钱，信心百倍地美容。没有这些，我们怎能获得成功与别人的尊重，怎能过得舒适而安逸，怎能延长自身的美丽与光彩?

因为烦恼，我们决心改造世界，于是人类有了船、桥用以过河；有了自行车、汽车、火车、飞机用以行走；有了衣物、火炉、煤炉、暖气用以御寒；有了木屋、竹楼、瓦房、高楼大厦；有了电视、电脑、洗衣机、冰箱、音响、随身听。所有这些舒适与快乐，都起源于人自己敢于突破原有的一成不变的生活，善于给自己找烦恼。

可见，“庸人”还是有点烦恼的好。

人生的主题不是苦难，是幸福

如今这个社会，金钱虽不是万能的，但，没有钱却是万万不能的。谁不计较钱？

钱这个东西，犹如闷热夏季的风，求之极难，去之却快。拥有的时候，咱也可以下馆子时，“排出几文大钱”，叫道：“小二，拿酒来！”这种快慰平生的感觉，直叫人觉得不枉来世上一场。

在你有钱的时候，你也许会不觉得什么，“我不计较钱”的豪言壮语往往冲天而出；可一旦没有钱，遭的那个罪，真是一言难尽。谁没有过“一分钱难倒英雄汉”的经历？在你出门吃完饭结账时，一摸口袋，才发现出门换了衣服，匆忙间忘记装钱了。在这种时候，你敢说你不计较钱？

钱带给人的好处多得说不完。当商品交换发展到以货币为媒介，并在某种程度上用来衡量人的价值的时候，金钱的魅力越来越大，开始成为众多人追求的对象，有人深信“有钱能使鬼推磨”，为此不惜铤而走险。

不管现代生活是怎样地需要金钱，我们教育子女时，仍然千方百计使他们相信，工作和兴趣才是一切，金钱，应该是附带的东西。事实上，我们忽视了：这种附带的金钱同时又是必不可少的。

陶渊明所以“不为五斗米折腰”，回归山野“采菊东篱下，悠然见南山”，是因为他还可以租种两亩薄田，“把酒话桑麻”。到最后生活潦倒时，他也哀叹生活之艰辛，你说他计较不计较金钱？

一个计较金钱的人，并不表明他浑身都是铜臭味。计较金钱的人，大多数都是懂得怎样去花钱。获取金钱并不是人的目的，而得到自己所需要的东西，才是金钱的真正意义。

金钱用它独特的方式体现着一个人的价值。“劳有所获”，人在获得金钱的同时，也获得社会的认可和尊重。

计较金钱的人，也有许多知道该怎样去挣钱。君子爱财，取之有道。靠自己的聪明智慧，能力和技术挣来的钱是光荣的，内心也是坦然的，所以也懂得爱惜自己的钱财。

计较和吝啬是两码事。“计较”，说明这个人心里能够认识到它的价值所在，说明他可以驾驭它，做它的主人。“吝啬”，说明这个人“太计较”，聚拢金钱成了他此生此世的唯一目的，“不择手段”成为他为人处世的唯一信条。他在世上所有活动的目的，除了赚钱，还是赚钱。这种人只是“金钱的奴隶”。

沉溺于物质享受的人，势必要放弃许多精神上的自由和心安理得的快乐。花掉所得的钱，换来维持自己生命所需的商品和满足自己精神享受的快乐，这才是做金钱的主宰者。

只相信金钱力量的人，最后会败给金钱。相反，金钱所买不动的人，别人永远无法将他征服。

自己的路自己走，不用去迎合别人

生活中有一种人，很计较别人对他的看法，完全以别人的评价为行事准则。别人说好，他就按人家的想法和意思去做；别人说不好，他就会后悔、恐慌、自责、情绪低落、偃旗息鼓。他时时为别人的看法担心、害怕、烦恼、痛苦，经常掩饰自己，迎合他人，不知道自己是谁。

有一则寓言，非常生动地描述了这种人的心态：一个老翁和一个孩童赶着一头驴驮着货物去赶集。货卖完了，小孩骑驴回家，老翁跟着走，但路人责备孩子，说他太没礼数，不知敬老，叫老人徒步。他们便对换一下，而旁人又说老人太狠心，不懂得爱幼，让孩子徒步走。老人于是就将孩子抱到驴背上，两人共骑一驴，后来看见的人却说他们残酷，太没有善心，把驴子累得要死。于是他们都从驴背上下来，走了不久，又有人笑话他们，说他们是呆子，空着现成的驴不骑。于是老人对孩子说：我只剩下一个办法了，就是我们俩抬着驴走。

为了得到他人的好感、好评，就去刻意改变自己，扭曲自己，迷失自己，因一失之累，烦恼一生，痛苦一生。因为人们对一个人的反映总是像各种各样的多棱镜，不会一致说好，即使你做得再好，也会有人说不好。

2003 年 3 月，一位旅游者在意大利的一座山上，发现一块墓碑，碑文记述了一位名叫托比的人是怎样被老虎吃掉的。据说这块墓碑是柏拉图和他的学生为他树立的，大意是这样：托比从雅典来意大利讲学，途经此山，发现了一只老虎，进城后跟别人说，但没有人相信他。因为在这座山上从来就没有人见过老虎，不仅这座山没有，而且周围的山上也没有。

可托比坚持说见到了老虎，并且说是一只威武雄壮的老虎。可是无论他怎么说就是没有人相信他的话。最后，他说，我带你们去看，如果见到了真老虎，该相信了吧。于是柏拉图的几个学生跟他上了山。可是漫山遍野找了个遍，就是不见老虎的影子，甚至，连根老虎的毛也没有看见。但托比仍对天发誓说他确确实实在那棵大树下见到了老虎，跟他去的几个人都说，你当时一定是看花了眼。你最好还是不要说确实看到了老虎，否则人们会说我们城邦里来了个最会撒谎的人。

我怎么会是个撒谎的人呢？我的的确确是见到了一只老虎，怎么就没有人相信我呢？在接下来的日子，他为了证明自己没有说谎，逢人就说他没有撒谎，是诚实的，确实是见到了老虎。可是说到最后，人们不仅见到他就躲，并且在背后还议论他：看！这就是从雅典来的疯子。本来是来意大利讲学，是想成为有学问和道德修养的人，现在，却被人们认为是一个疯子和撒谎者。

他怎么也想不通，他发誓一定要让人们相信自己是诚实的。为了证明自己确实见到了老虎，在他来到意大利的第十天，他买回了一支猎枪就开始上山了。他要找到那只老虎，并且要把那只老虎打死带回来。让全城的人都看一看，他没有撒谎。然而，他这一去就再没有回来，三天后，人们在山中发现一堆撕碎的衣服和一只脚。经城邦的法官验证，托比是被一只重量至少在五百磅左右的老虎吃掉的。托比并没有撒谎，他确确实实在这座山上见到了一只老虎。

这段碑文是谁写的并不重要，重要的是这块碑文向世人所作的一个暗示：世上有许多不幸，都在于急着向别人证明自己正确。那种急于证明自己的人，其实就是寻找一只能把自己吃掉的老虎。在事实和真理面前，真正的智者都是走自己的路，任别人去评说。

一个人重视自己在别人心目中的形象，看重众人对自己的评价是可以理解的，做得适度，还能表现一个人的自尊，但如果过度了，则是一记暗伤。

嫉妒你，证明你比他好

何谓嫉妒？嫉妒就是害“红眼病”，就是当一个人发现其他人在某些方面（如金钱、才能、地位、名誉甚至爱情等）比自己强时，就会产生一种说不出来的情绪感受，如难受、不舒服、烦恼、痛苦、怨恨，从而竭力想超过他人，甚至破坏他人的心理状态。

嫉妒是人类最为常见的一种心理现象，它是一种微妙的情感，强烈而又隐蔽，即使你不愿意承认，它也会时不时地表现出来，但这并不见得是件坏事。心存适当的嫉妒，是不甘示弱的表现，可以转化为自己前进的动力，超越别人的推力。

比如看见别人在某一个领域获了大奖，或在技术上比自己高出一筹，或在学习上出类拔萃，就会既羡慕又不服气，心里暗下决心，一定要赶上或超过他。有这样的嫉妒心，对于自己和社会未尝不是一件好事。所以不要太计较别人的嫉妒。但这只是嫉妒的一方面，另一方面如由嫉妒而使坏，去诋毁和阻拦别人，自己达不到别人也休想，这样的嫉妒就有点可怕了。这种情况下，嫉妒就成了灾难的根源。

三国时的周瑜，就是一个例子。他嫉妒诸葛亮的智谋，三番五次难为诸葛亮，诸葛亮每逃离一次嫉妒的迫害，就使周瑜的嫉妒增加一分，周瑜最终因为嫉妒送掉了自己的性命。

成语“一桃三士”，讲的是皇帝赐予三个大臣一个桃子，三个人都想把桃子据为己有，互不相让，于是决定以决斗定胜负，最后，三人都死于对方的剑下。

人们通常以为，嫉妒是女人的专利，其实不然，男人同样是嫉妒的受害者。女人容易嫉妒，但女人也容易消除嫉妒，并且当女人嫉妒的对象遭到厄运时，女人会转而同情他；男人的嫉妒则像不断蔓延的毒藤，甚至会使他们失去理智，以报复来平衡自己被扭曲的心。

那么，我们会嫉妒什么样的人呢？亚里士多德有这样一段非常直白的说明——我们嫉妒那些在时间、空间、年龄或声望方面接近我们的人，也嫉妒与我们竞争的对手。我们不会嫉妒那些生活在一百年以前的人，那些未出生的人，那些死人，那些在我们或他人看来，远低于或高于我们的人。我们恰恰嫉妒那些和我们有相同奋斗目标的人。

我们嫉妒别人，也会被别人嫉妒。别人的嫉妒，是从反面证明了自己优秀或者卓越。不要被嫉妒打倒，如果别人的嫉妒就能把你打倒，这说明你虽然可能是优秀的，却不是最优秀的，尤其是在意志上。

冯骥才写过一篇关于富人区的故事，提到了不同人的嫉妒心态。

刚到美国，一位美国朋友陪他去富人区观光。看着那些千姿百态的房子和庭院，个个幽雅、宁静、舒适，恍若人间天堂。冯先生问身边的美国朋友："你们看见富人们住在这么漂亮的房子里，会不会嫉妒？"这位美国人惊讶地看着他说："嫉妒他们？为什么？他们能住在这里，说明他遇上了一个好机会。如果将来我也遇到好机会，我会比他们住得还好！"这是一个标准的"老美"式答案，美国人很看重机会。后来冯先生去日本，日本朋友也热情地陪他去看富人区。冯先生又问日本朋友同样的问题，这位日本人想了想，回答道："不会的，如果一个日本人见到别人比自己强，通常会主动接近，以便把他的长处学到手，再设法超过他。"日本人真厉害！回国后，他将同样一个问题问一位南方人时，得到的回答却是："何止嫉妒？恨不得把那小子宰了！"

也可能是文化差异的缘故，相同的嫉妒会导致不同的结果。再看一例：

一家外资企业，由于经营业绩较好，老板决定为员工加工资，增额为一百元。但是老板对增资又有一个规定，并非每一个员工都增资，只从每一个小组当中推举出一名。到底谁能得到，由各个小组自己决定。各组的名额很快就报上来了。日本组推选来的是一位技术娴熟资格较老的员工；越南组报上来的是一位工资最少的员工，老板看了很满意。再看韩国报上来的是一位谁都不得罪表现平平的员工，老板也不很在意，既然是各个小组自行决定，所以就尊重大家的意见。这位老板很想知道中国员工小组推举的是什么样的人，可是迟迟不见名单报上来，老板只好亲自去了解情况。跑去一看，才发现他们正为这一百元吵得不可开交，每一个人都说自己的技术好，都比别人棒，都不肯让出这一百元。最终他们做出这样的一个决定，要求老板给他们每一个人增加一百元。老板一生气取消了给中国员工组增加工资。

对待嫉妒，要有好的心态和正确的应对方法。如果面对的嫉妒是恶意的中伤，最容易做出的也是最下策的反应就是反唇相讥。因为这样，你会因为别人的无聊，而使自己也变得无聊，上了别人的圈套。智者的做法是："我不如你，这是现实，但是，我可以努力，增强自己的知识和本领，在不久的将来超过你。"

人人都有嫉妒之心，但并非任何人都会被嫉妒所伤，只有那些虚荣心极强、心胸狭窄和贪婪的人，有一定位置又唯恐下级超过自己的人，思想偏执、"夜郎自大"的人，好胜心过盛还存有不良动机的人……只有这些过于嫉妒的人，才会为嫉妒所伤。

身后的门，你关闭了吗

英国前首相劳合·乔治有一个习惯——无论走到哪里无论什么时候他都会随手关上身后的门。

有一天，乔治和朋友在院子里清闲地散步，他们每经过一扇门，乔治总是很自然很及时地随手把门关上。

“你这里警卫森严，几乎一只麻雀都飞不进来。你有必要把这些门都关上吗？”朋友很是纳闷。

“哦，当然有这个必要。我说的必要当然不是指我个人的安全问题。”乔治微笑着对朋友说，“我这一生都在关我身后的门。你知道，这对于我及很多人来说是必须做的事。当你关门时，也将过去的一切留在后面，不管是美好的成就，还是让人懊恼的失误，然后，你才可以重新开始。”

朋友听后，细细品味着，不觉陷入了沉思中。乔治正是凭着这种精神一步一步走向了成功，最终踏上了英国首相的位置。

“我这一生都在关我身后的门！”多么经典的一句话！

每个人，从跌打滚爬中走过来，身上难免沾染一些尘土和霉气，心中多少留下一些酸楚的记忆，这都是事实，都是永远也不能完全抹掉的事实。

我们需要的，不是把头颅埋在沧桑的双手里，痛苦地回忆；我们需要的，是放弃过去了的失误和不愉快。因为伤感也罢，悔恨也罢，都不能改变过去，不能使你更聪明、更完美，只有不断地总结昨天的失误，才是最明智的选择。背着沉重的怀旧包袱，为逝去的流年伤感不已，那只会白白地浪费掉眼前的大好时光，那只会让你等于在不知不觉中放弃现在和未来。

追悔过去，已经没有任何意义，它只能让你失掉现在；失掉现在，未来又从何谈起！

有句俗话说得好：为误了头一班火车而懊悔不已的人，肯定还会错过下一班火车。

要想成为一个快乐幸福的成功人士，最重要的一点就是记住：随手关上身后的门。将过去的错误、失误通通忘记，沉湎于懊恼、后悔之中只会让别人更加看不起你。

时光不会留恋任何人，它总是绝情地一去不复返。今天就应尽力做完当天该做的事，因为，明天将是新的一天。

记得当代大提琴演奏大师帕波罗·卡萨尔斯在他 93 岁生日那天说过的一句话："我在每一天里重新诞生，每一天都是我新生命的开始。"

命由心造，自己把握

当我们为渴望已久的东西付出很多的时间和心血，却发现自己依然与它失之交臂的时候，我们便常会想到命运。

命运，一种神秘莫测、若有若无的力量，总是在同我们的执着做着无休止的人生游戏。它就像一个无情的指挥棒，全然不顾我们的喜好，把我们推入一个个陌生的地方、危险的领域，让我们的生命起起落落。它又是张大网，我们被束缚其中，苦苦挣扎，刚刚感到有些光明，有些希望，却又立刻被它毫不费力地拉了回来。

在命运的面前，我们能说什么？无奈、叹息、愤懑，抑或是坦然、平静？

当你历经艰难险阻，却发现自己不仅没有到达目的地，反而迷失在路途上时；当你夜以继日地苦读，却总是与理想的学校无缘时；当你辛辛苦苦，兢兢业业地奋斗换来的却是一无所有时；当你愿意赴汤蹈火、一生相守的他毅然决然地离你远去时；当你被突然而来的灾难砸得麻木，几乎没有知觉时，你是否感到了命运向你做出的狰狞鬼脸？

而当你获得了意外的财富，比如无心而赢得一笔大奖，比如得到丰厚的馈赠，比如突然间，由一只“丑小鸭”变为翱翔在天空的“天鹅”时，你是否觉得命运实在是一个奇妙的精灵，向你现出美丽的微笑？

没有一个人能在完全的好运中度过一生，每个人都会遇到坏的命运，都需要面对灾难，只是我们对它的态度不同罢了。

记忆中有很多不敢向命运说“不”的人。伟大的诗人陆游，对于自己深爱着的唐婉，对于他们的幸福婚姻，没敢坚持抗争到底，只因自己母亲不喜欢唐婉，陆游就将自己爱人的幸福，将自己的幸福交给了无情的东风。陆游在向命运低头的同时，也离他的快乐远了更多。尽管他后来明白了这一点，但一切都已晚矣，偌大的沈园，只剩下诗人的叹息：“错！错！错！莫！莫！莫！”

虽然我们后人因此而得到两首凄艳哀婉的人间绝唱，但这比之两颗彼此相爱的心所受的煎熬，实在让人不忍卒读。我们更愿意用两首，或者更多首的诗，去交换他们的美满爱情。因为，美满的爱情本来就是至高无上的。我们选择“认命”的时候，其实是想逃避现实，因为我们觉得，将要面对的是沉重的压力，可是我们忽视了，在“认命”的同时，我们就已给自己背上更沉的包袱，而且这种包袱，随着岁月的流逝，会更使你感到窒息。躲避了一时，又怎能躲过一世?

记忆中也有很多敢于向命运说“不”的人。为我们熟知并景仰的音乐家贝多芬，就经历了非常不幸的命运，正当他的音乐创作进入成熟期时，他的听力急剧衰退，五十岁左右，他就再也无法听见自己的音乐了。一个聋子和音乐，几乎是无法想象的组合。很多人都为贝多芬感到惋惜，但他并没有向命运低头，而是凭着自己对音乐的挚爱，用心去聆听、去感受音乐，终于创作出了震撼人心的《命运交响曲》《英雄交响曲》等。这些音乐，是用生命谱就的，它象征着贝多芬在命运面前顽强拼搏的精神，也象征着人类在命运面前顽强拼搏的精神。是对于命运的不屈从，是对于音乐的挚爱，让贝多芬征服了命运，创造出奇迹。

只有不敢去碰的刺，蜇人才是最疼的，就像只有不敢走进的黑夜才是最黑一样，这有心理的作用，但也是事实。

命运如此，艰难挫折也是如此。

我们选择“抗拒”的时候，就选择了艰难，这种艰难虽然强大，但你一旦选择了它，它就已经开始脆弱了。

你的“贫穷”，是因为你欲望太多

有座山，山里有一个神奇的洞，里面的宝藏足以使人一生享用不尽。但是这个山洞一百年才开一次。有一个人无意中经过那座山时，正巧碰到百年难得的一次洞门大开的机会，他兴奋地进入洞内，发现里面有大堆的金银珠宝，他急忙快速地把金银珠宝往袋子里装。由于洞门随时都有可能关上，他必须动作要快，并且要尽快离开。

当他得意洋洋地装了满满一袋珠宝后，神色愉快地走出了洞口，出来后却发现帽子忘在里面了，于是他又冲入洞中，可惜时间已到，他和山洞一起消失得无影无踪。

故事很简单，却耐人寻味。

贪婪的人，被欲望牵引，欲望无边，贪婪无边。

贪婪的人，是欲望的奴隶，他们在欲望的驱使下忙忙碌碌，不知所终。

贪婪的人，常怀有私心，一心算计，斤斤计较，却最终一无所获。

古语说：“人为财死，鸟为食亡。”人不能没有欲望，不然就会失去前进的动力，但人却不能有贪婪，因为贪欲是个无底洞，你永远也填不满。苏联教育家马卡连柯曾经说过：“人类欲望本身并没有贪欲，如果一个人从烟雾弥漫的城市里来到一个松树林里，吸到清新的空气，非常高兴，谁也不会说他消耗氧气是过于贪婪。贪婪是从一个人的需要和另一个人的需要发生冲突开始的，是由于必须用武力、狡诈、盗窃，从邻人手中把快乐和满足夺过来而产生的。”

一个穷人会缺很多东西，但是，一个贪婪者却是什么都会缺！

贫穷的人只要一点东西，就可以感到满足，奢侈的人需要很多东西也可满足，但是贪婪的人却需要一切东西才能满足。所以贪婪的人总是不知足，他们天天生活在不满足的痛苦中，贪婪者想得到一切，但最终两手空空。

有一则寓言：

上帝在创造蜈蚣时，并没有为它造脚，但是它们可以爬得和蛇一样快速。有一天，它看到羚羊、梅花鹿和其他有脚的动物都跑得比它还快，心里很不高兴，便嫉妒地说：“哼！脚愈多，当然跑得愈快！”

于是，它向上帝祷告说：“上帝啊！我希望拥有比其他动物更多的脚。”

上帝答应了它的请求。他把好多好多脚放在蜈蚣面前，任凭它自由取用。

蜈蚣迫不及待地拿起这些脚，一只一只地往身上贴去，从头一直贴到尾，直到再也没有地方可贴了，它才依依不舍地停止。

它心满意足地看看满身是脚的自己，心中暗暗窃喜：“现在，我可以像箭一样地飞出去了！”但是，等它一开始要跑步时，才发觉自己完全无法控制这些脚。这些脚劈里啪啦地各走各的，它非得全神贯注，才能使一大堆脚不至于互相绊跌而顺利地往前走。这样一来，它走得比以前更慢了。

任何事物都不是多多益善，蜈蚣因为贪婪，想拥有更多的脚，结果却适得其反，脚却成了束缚它行动的绳索，代价可谓惨重。

《圣经》上曾经说过，如果你得到的是整个世界，而丧失了自我的生命，那么，你也得不偿失。因贪婪得来的东西，永远是人生的累赘。贪婪轻则让人丧失生活的乐趣，重则误了身家性命。生活的压力越来越大，脸上的笑容越来越少，这或许便是贪婪的代价。

现代社会，是一个极具诱惑力的社会，是一个欲望膨胀的年代，人们的心里总是塞满欲望和奢求，追名逐利的现代人，总是奢求穿要高档名牌，吃要山珍海味，住要乡间别墅，行要宝马香车。一切都被欲望支配着。

法国杰出的启蒙哲学家卢梭曾对物欲太盛的人作过极为恰当的评价，他说：“十岁时被点心、二十岁被恋人、三十岁被快乐、四十岁被野心、五十岁被贪婪所俘虏。人到什么时候才能只追求睿智呢？”的确，人心不能清净，是因为欲望太多，欲望的沟壑永远填不满，人心永不知足，没有家产想家产，有了家产想当官，当了小官想大官，当了大官想成仙……精神上永无宁静，永无快乐。

伟大的作家托尔斯泰曾讲过这样一个故事：有一个人想得到一块土地，地主就对他说，清早，你从这里往外跑，跑一段就插个旗杆，只要你在太阳落山前赶回来，插上旗杆的地都归你。那人就不要命地跑，太阳偏西了还不知足。太阳落山前，他是跑回来了，但人已精疲力竭，摔个跟头就再没起来。于是有人挖了个坑，就地埋了他。牧师在给这个人做祈祷的时候说：“一个人要多少土地呢？就这么大。”

人生的许多沮丧都是因为你得不到想要的东西。其实，我们辛辛苦苦地奔波劳碌，最终的结局不都是只剩下埋葬我们身体的那点土地吗？伊索说得好：“许多人想得到更多的东西，却把现在所拥有的也失去了。”这可以说是对得不偿失最好的诠释了。

其实，人人都有欲望，都想过美满幸福的生活，都希望丰衣足食，这是人之常情。但是，如果把这种欲望变成不正当的欲求，变成无止境的贪婪，那我们就无形中成了欲望的奴隶了。在欲望的支配下，我们不得不为了权力，为了地位，为了金钱而削尖了脑袋向里钻。我们常常感到自己非常累，但是仍觉得不满足，因为在我们看来，很多人比自己的生活更富足，很多人的权力比自己大。所以我们别无出路，只能硬着头皮往前冲，在无奈中透支着体力、精力与生命。

扪心自问，这样的生活，能不累吗？被欲望沉沉地压着，能不精疲力竭吗？静下心来想一想，有什么目标真的非让我们实现不可，又有什么东西值得我们用宝贵的生命去换取？朋友，让我们斩除过多的欲望吧，将一切欲望减少再减少，从而让真实的欲求浮现。这样，你才会发现真实的，平淡的生活才是最快乐的。拥有这种超然的心境，你就能做起事来，不慌不忙，不躁不乱，井然有序。面对外界的各种变化不惊不惧，不愠不怒，不暴不躁。而对物质引诱，心不动，手不痒。没有小肚鸡肠带来的烦恼，没有功名利禄的拖累。活得轻松，过得自在。白天知足常乐，夜里睡觉安宁，走路感觉踏实，蓦然回首时没有遗憾。

古人云：“达亦不足贵，穷亦不足悲。”当年陶渊明荷锄自种，嵇康树下苦修，两位虽为贫寒之士，但他们能于利不趋，于色不近，于失不馁，于得不骄。这样的生活，也不失为人生的一种极高境界！

人生好像一条河，有其源头，有其流程，有其终点。不管生命的河流有多长，最终都要到达终点，流入海洋，人生终有尽头。活着的时候，少一点儿欲望，多一点快乐，有什么不好？

唱属于自己的歌，寻找属于自己的幸福

想要生活幸福，最重要的就是保持自己的本色。你只能唱你自己的歌，你只能画你自己的画，你只能做一个由你的经验、你的环境和你的家庭所造成的你。不论好坏，你都得自己创造自己的小花园；不论好坏，你都得在生命的交响乐中，演奏你自己的小乐器。

智能和尚有位朋友周施主已经结婚 18 年多了，在这段时间里，从早上起来，到他要上班的时候，他很少对自己的太太微笑，或对她说上几句话。周施主觉得自己是百老汇最闷闷不乐的人。后来，在周施主参加的继续教育培训班中，他被要求准备以微笑的经验发表一段谈话，他就决定亲自试一个星期看看。现在，周施主要去上班的时候，就会对大楼的电梯管理员微笑着，说一声“早安”；他以微笑跟大楼门口的警卫打招呼；他对地铁的检票小姐微笑；当他站在交易所时，他对那些以前从没见过自己微笑的人微笑。

周施主很快就发现，每一个人也对他报以微笑。他以一种愉悦的态度，来对待那些满肚子牢骚的人。他一面听着他们的牢骚，一面微笑着，于是问题就容易解决了。周施主发现微笑带给自己了更多的收入，每天都带来更多的钞票。周施主跟另一位经纪人合用一间办公室，对方的职员之一是个很讨人喜欢的年轻人。周施主告诉那位年轻人最近自己在微笑方面的体会和收获，并声称自己很为所得到的结果而高兴。那位年轻人承认说：“当我最初跟您共用办公室的时候，我认为您是一个非常闷闷不乐的人。直到最近，我才改变看法，当您微笑的时候，充满了慈祥。”

你的笑容就是你好意的信使。你的笑容能照亮所有看到它的人。对那些整天都看到皱眉头、愁容满面却要视若无睹的人来说，你的笑容就像穿过乌云的太阳；尤其对那些受到来自上司、客户、老师、父母或子女的压力的人，一个笑容能让他们看到生活是有希望的，世界是有欢乐的。

世界上的每一个人，都要追求幸福，有一个可以得到幸福的可靠方法，就是以控制你的思想来得到。幸福并不是依靠外在的情况，而是依靠内心的感受。记住：微笑能改变你的生活。如果你不喜欢微笑，那怎么办呢？那就强迫你自己微笑。如果你是唯独一个人，强迫你自己吹口哨，或哼一曲，表现出你似乎已经很快乐，这就容易使你快乐了。

其实，微笑是一个人快乐的保证，但人不要去强求不属于自己的东西，要学会顺其自然。有的人违背规律去办事，就会举步艰难，而有的人顺应规律，就会得心应手，一路坦途。

每件事物都是有着两面性的，顺其自然亦是如此，不过人们多是关注它的消极而忘却它积极的一面。它积极的一面便是督促人能够尽其所能而为之，不能不在乎结果，不能不在乎名利，但不能过分追求这些东西，否则你会由此失去生活中的许多乐趣——就是如何能够做到既奋斗又不过分追求名利，如何把握这个“度”实在是难矣。

“顺其自然”是一种很无奈条件下的自我安慰。人不要去强求不属于自己的东西，要学会顺其自然。有的人违背规律去办事，就会举步艰难，而有的人顺应规律，就会得心应手，一路坦途。

有这样一则寓言，说从前，有位樵夫生性愚钝，有一天他上山砍柴，不经意地看见一只从未见过的动物。于是，他上前问：“你到底是谁？”

那动物开口说：“我叫‘聪明’。”

樵夫心想：我现在就是很愚钝，缺少“聪明”啊！把他捉回去算了！

这时，“聪明”突然说：“你现在想捉我是吗？”

樵夫吓了一跳：我心里想的事它他怎么知道！那么，我不妨装出一副不在意的模样，趁他不注意时赶紧捉住它。

结果，“聪明”又对他说：“你现在又想假装成不在意的模样来骗我，等我不注意时把我捉住带回去，是吗？”樵夫的心思被“聪明”看穿了，所以就很生气，心想真是可恶！为什么它都能知道在想什么呢？

谁知，这种想法马上又被“聪明”知道了。他又开口道：“你因为没有捉住我而生气吧！”

于是，樵夫开始从内心检讨：我心中所想的事好像反映在镜子里一样，完全被它看穿。我应该把它放弃，专心砍柴，还是顺其自然的好，干吗生气徒增烦恼呢？

樵夫想到这里，就挥起斧头，用心地砍柴。一不小心，斧头掉下来，却意外地压在“聪明”上面，“聪明”立刻被樵夫捉住了。

生命是一种缘，是一种必然与偶然互为表里的机缘。有时候命运偏偏喜欢与人作对，你越是挖空心思想去追逐一种东西，它越是想方设法不让你如愿以偿。这时候，痴愚的人往往不能自拔，好像脑子里缠了一团毛线，越想越乱，他们陷入了自己挖的陷阱里。而明智的人明白知足常乐的道理，他们会顺其自然，不去强求不属于自己的东西。顺其自然，绝非被动人生，不是自视清高或阿 Q 精神胜利法；顺其自然，不是在生活的海边临渊羡鱼，不是在命运的森林里守株待兔，而是洞悉人生、承受一切命运际遇的大智慧；顺其自然，是对生命的善待与珍爱，是对人生的喝彩和礼赞。

据说迪斯尼乐园建成时，总经理迈克尔先生为园中道路的布局大伤脑筋，所有征集来的设计方案都不尽如人意。迈克尔先生无计可施，一气之下，他命人把空地都植上草坪后就开始营业了。几个星期过后，当迈克尔先生出国考察回来时，看到园中几条蜿蜒曲折的小径和所有游乐景点有机地结合在一起时，不觉大喜过望。他忙喊来负责此项工作的戈尼，询问这个设计方案是出自哪位建筑大师的手笔。戈尼听后哈哈笑道：“哪来的大师呀，这些小径都是被游人踩出来的!”

生命中的许多东西是不可以强求的，那些刻意强求的某些东西或许我们终生都得不到，而我们不曾期待的灿烂往往会在我们的淡泊从容中不期而至。我们常想悟出真理，却反而因为这种执着而迷惑、困扰。只要恢复直率之心，彻底地顺从自然，快乐就随手可得。

宁静与淡泊——幸福的目标

宁静祥和的感觉，能让人即使身处逆境也能维持心中一片清澄。这才是宁静的真谛。

诸葛亮有句名言："淡泊以明志，宁静而致远。"所谓"宁静而致远"，就是要不因宠爱而忘形，不因失落而怅然，不因富贵而骄纵，不因清贫而自惭。得意，也不忘时、忘形、忘神、忘乎所以；失意，也不颓唐沮丧，不复聊赖；喜悦，眉梢不外溢；痛苦，表情不抽搐。内敛，内向，气守丹田，不浮不躁，不自惹，不自扰，不自乱，不自淫，不自贱，不自屈。

有一位虔诚的佛教信徒，每天都从自家的花园里采撷鲜花到寺院供佛。一天，当他正送花到佛殿时，碰巧遇到无德禅师从法堂出来，无德禅师欣喜地说道："你每天都这么虔诚地以香花供佛，依经典记载，常以香花供佛者，来世当得庄严相貌的福报。"

信徒非常欢喜地回答道："这是应该的，我每天来寺礼佛时，自觉心灵就像洗涤过似的清凉，但回到家中，心就烦乱了。我是一个家庭主妇，如何才能在喧嚣的城市中保持一颗清净纯洁的心呢？"

无德禅师反问道："你以鲜花献佛，相信你对花草总有一些常识，我现在问你，你如何保持花朵的新鲜呢？"

信徒答道："保持花朵新鲜的方法，莫过于每天换水，并且于换水时把花梗剪去一截，因花梗的一端在水里容易腐烂，腐烂之后水分不易被吸收，花就容易凋谢！"

无德禅师道："保持一颗清净纯洁的心，其道理也是一样，我们的生活环境像瓶里的水，我们就是花，唯有不停净化我们的身心，变化我们的气质，并且不断地忏悔、检讨、改进陋习、缺点，才能不断吸收到大自然的食粮。"

信徒听后，欢喜作礼感谢道："谢谢禅师的开示，希望以后有机会亲近禅师，过一段寺院中禅者的生活，享受晨钟暮鼓，感受菩提梵唱的宁静。"

无德禅师道：“你的呼吸便是梵唱，脉搏跳动就是钟鼓，身体便是庙宇，两耳就是菩提，无处不是宁静，又何必等机会到寺院中生活呢？”

无德说“热闹场中作道场”，只要自己息下妄缘，抛开杂念，哪里不可宁静呢？如果自己妄想不除，就算住在深山古寺，一样无法修持。禅者重视“当下”，何必明天呢？“参禅何须山水地，灭却心头火亦凉。”即此之谓也。

一个人在做人做事上，要达到理想的境界，应使自己经常情绪安宁，心地澄清。无论怎么忙，每天最好能安排出片刻的独处和宁静，在这宁静的氛围中，人的思想会宁静而清晰，情绪也最容易归于平和，说不定，就因为你拥有片刻的宁静，才可以避免一些鲁莽、浮躁、荒谬、无聊的事情发生。

每个人都想求内心的宁静，内心的宁静是什么？其中的含义能有几个人真正知道呢？是问心无愧，晚上不做噩梦？还是一生一世对别人的歉疚？让我们从下面的故事中获得答案吧。

国王提出一大笔赏金，看谁画得出最能代表平静祥和的意象。很多画家将自己的作品送到皇宫，有的画了黄昏森林，有的画了宁静的河流，小孩在沙地上玩耍，彩虹高挂天上，沾了几滴露水的玫瑰花瓣。

国王亲自看过每件作品，最后只选出两件。

第一件作品画了一池清幽的湖水，周遭的高山和蓝天倒映在湖面上，天空点缀了几抹白云，仔细看的话，还可以看到湖的左边角落有座小屋，打开一扇窗户，烟囱有炊烟袅袅升起，表示有人在准备晚餐，菜色简单却美味可口。

第二幅画也画了几座山，山形阴暗嶙峋，山峰尖锐孤傲。山上的天空漆黑一片，闪电从乌云中落下，降下了冰雹和暴雨。

这幅画和其他作品格格不入，不过如果仔细地看，可以看到险峻的岩石堆中有个小缝，里面有个鸟窝。尽管身旁风狂雨暴，小燕子还是蹲在窝里，悠然自得。

国王将朝臣召唤过来，将首奖颁发给第二幅画，他的解释是：“宁静祥和，并不是要到全无噪音、全无问题、全无辛勤工作的地方才找得到。”

宁静与淡泊才是生活的真谛，只有洞悉了这一点，我们的生活才能紊而不乱，缓而有序，不骄不躁，去创造和经营属于自己的一片天空。

好心情是习惯，要保持在每一刻

一般而言，习惯是生活的累积，是能够刻意造成的，因此人人都掌握有创造愉快的心情的力量。

当我们渴望自己每天都有一个好心情的时候，我们是否尝试过每天早上起来的时候给自己一个对美好心情的期盼，并且用这种期盼来鼓舞和激励自己呢？真的这确实是一个非常不错的主意，当我们每一天都坚持做下去，使之成为一种习惯的时候我们会发现我们的心情真的越来越好，我们的幸福感觉也越来越强烈。

有这样一个故事：

一个清晨，汤姆乘坐在老式火车的卧车中，大约有 6 个男士正挤在洗手间里刮胡子。经过了一夜的疲困，隔日清晨通常会有不少人在这个狭窄的地方做一番漱洗。此时的人们多半神情漠然，而彼此也不交谈。

就在此刻，突然有一个面带微笑的男人走了进来，他愉快地向大家道早安，但是却没有人理会他的招呼，或只是在嘴巴上应付一番罢了。随后，当他准备开始刮胡子时，竟然自若地哼起歌来，看上去显得非常的快乐。他的这番举止令汤姆感到极度不悦。于是汤姆冷冷地、带着讽刺的口吻对这个男人问道："喂！你好像很得意的样子，怎么回事呢？"

"是的，你说得没错。"这个男人如此回答说："正像你所说的，我是很得意，我真的觉得很快乐。"然后，他又说道："我是把使自己觉得心情愉快这件事当成一种习惯罢了。"

这就是那个男人说话内容的全部。不过我们相信，在洗手间内所有的人包括汤姆都已经把"我是把使自己觉得心情愉快这件事，当成一种习惯罢了"这句深富意义的话牢牢地记在心中。

事实上，这句话确实具有深切的哲理。不论是幸运或不幸的事，人们心中习惯性的想法往往占有决定性的影响地位。有一位名人说："穷苦人的日子都是愁苦；心中欢畅者，则常享丰筵，"这段话的意义在于告诫世人设法培养愉快之心，并把它当成一种习惯，那么，生活将好像一连串的欢宴。

以前，有一位不幸的人。他每天总是在吃早餐时对他太太说："今天看来又是不愉快的一天。"虽然他的本意并非如此，充其量只不过是一句遁词而已，因为他的口中尽管这么如此念着，实际上在心中却也期待着会有好运来临。然而，一切情况都很糟糕。其实，会有这种情况发生并不令人奇怪，因为心中若预存不快乐的想法，那一天的心情肯定会受到你的潜意识的影响，所有的事情也许会办得很不顺。

养成心情愉快的习惯，主要是凭借思考的力量。首先，你必须拟定一份有关心情愉快的想法的清单，然后，每天不停地思考这些想法，其间若有不高兴的想法进入你的心中，你得立即停止，并将之设法摒除掉，尤其必须以快乐的想法取而代之。此外，在每天早晨下床之前，不妨先在床上舒畅地想着，然后静静地把有关快乐的一切想法在脑海中重复思考一遍，同时在脑中描绘出一幅今天可能遇到的快乐地图。久而久之，不论你面临到什么事，这种想法都将对你产生积极性的效用，帮助你面对任何事，甚至能够将困难与不幸转为快乐。相反地，倘若你——再对自己说："事情不会进行得顺利的。"那么，你便是在制造自己的不愉快，而所有关于"不愉快"的形成因素，不论大小都将围绕着你。

今天，你豁达了吗

宽舒人生者活得很随意，他们摸透了自己的脾气，知道自己的欲望和观点，干什么事都不用先去调查求证，或者察言观色，听别人的意见，他们只管我行我素，走自己的路。

人活着愉快，就得少烦恼；要少烦恼，心胸就得阔大一些，宽广一些，学会宽恕自己和容忍别人，就叫作宽舒人生。本来，生活就应该从容不迫，悠然自得。

人要活得宽舒，首先就得接受自己和自己的天性，不会对自己要求过分苛刻，也不会因看不起自己而焦虑不安。遇到不幸和灾祸，他们会像其他人一样痛苦，但是他们能够想得开，而且能照常生活。他们也不像有些人那样，为可能发生的灾祸忧心忡忡，他们会做一些必要的准备，但是不会为此身心交瘁。

同时，宽舒人生者非常能够容忍他人，容忍自己所不知道的东西。他们知道生活是变化无常的，这是个人所无法改变的现实，人不但要接受这种现实，而且还要从这种现实中找到乐趣，大可不必提心吊胆、顾虑重重地生活。对于自己不懂的事情，他们总是采取承认的态度，承认之后再去慢慢琢磨它，了解它。

因为这种容忍，宽舒人生者与他人的关系比较融洽，因为他们能平易自然地与各种各样的人相处，而不管这些人的年龄、教养和性格特点。由于他们是按照人的本来面目、而不是按照自己的要求去待人接物的，所以他们很少会对别人感到失望，更不会吹毛求疵，总觉得别人不够格——如果这样，少不了肝火上升，心跳加快。比如，有一位教授是一个工作迷，经常早出迟归，并且耽误家里的事，但是他妻子却过得很宽心，她说："当我们结婚的时候，我就明白他这种脾气改不了了，所以他经常很晚回家，甚至在实验室里度过星期六和星期天，我也不会感到太难以忍受。"

有了豁达，才有了人生的舒展和舒服，这就是宽舒人生的含义。所以人生的宽舒是一种建立在认识现实基础上的心安理得的生活方式。宽舒就是不抱怨，而不是虚假的开心、欺骗的豁达和不老实的异想天开；宽舒人生者是实事求是的，不会通过玫瑰色的眼镜或者墨镜来看待生活。宽舒人生表现了一种健康优美的人性。

为难自己的幸福——自寻烦恼

生命中有很多事是自己一下子做不到的，当我们做不到的时候就不要去为难自己。

不要为难自己，做人本来就很难，干吗还要为难自己。人生中有很多相似的事情发生，明知别人做错了事情，非得要人承认——是过。被人骂了一句，花无数时间难过——是过。为一件事情发火，不惜时间和血本，只为报复——是过。失去一个人的感情，明知一切无法挽回，却花上好几年为之伤心——是过。不要拿别人的错误来惩罚自己。

我们也总是在尽力做好每一件事情，却往往得不到别人的认可，或者不能取得成功。为此，我们十分苦恼。其实，与其越做越糟，不如洒脱地放弃。我们的前面总是会有更好的风景在等待着我们去欣赏，何必为眼前的这点儿暗淡境遇而延误生命的美丽呢？

只要你做好应该做的事情，就是值得称赞的。在生命结束的时候，一个人如能问心无愧地说："我已经尽了最大的努力。"那么他就此生无悔了。

"金无足赤，人无完人"，我们都应该认识到自己的不完美。全世界最出色的足球选手，10 次传球，也有 4 次失误；最出色的篮球选手，投篮的命中率，也只有五成；最精明的股票投资专家，买五种股票也有马失前蹄的时候。既然连最优秀的人做自己最擅长的事都不能尽善尽美，我们的失误肯定更多。这就是说，我们绝不可能使每个人都满意。每个人都会有他个人的感觉，都会根据自己的想法来看待世界。所以，不要试图让所有的人都对你满意，否则你将永远也得不到快乐。

从前有一位画家，想画出一幅人人见了都喜欢的画。经过几个月的辛苦工作，他把画好的作品拿到市场上去，在画旁放了一支笔，并附上一则说明：亲爱的朋友，如果你认为这幅画哪里有欠佳之笔，请赐教，并在画中标上记号。

晚上，画家取回画时，发现整个画面都涂满了记号——没有一笔一画不被指责。画家心中十分不快，对这次尝试深感失望。

画家决定换一种方法再去试试，于是他又摹了一张同样的画拿到市场上展出。可这一次，他要求每位观赏者将其最为欣赏的妙笔都标上记号。结果是，一切曾被指责的笔画，如今却都换上了赞美的标记。

最后，画家不无感慨地说："我现在终于明白了，无论自己做什么，只要使一部分人满意就足够了。因为，在有些人看来是丑的东西，在另一些人眼里则恰恰是美好的。"

现实生活中我们也常常遇见类似的事情。当某人做了一件善事，引起身边同事们的注意时，会听到各种截然不同的评论。张三说你做得好，大公无私；李四说你野心勃勃，一心想往上爬；上司赞你有爱心，值得表扬；下属则说你在做个人宣传……总之，各种各样的议论，有的如同飞絮，有的好似利箭，一一迎面扑来。怎么办呢？最好的办法，就是抱着"有则改之，无则加勉"的态度。

别人说的，让人去说；别人做的，让人去做。嘴巴长在人家脸上，你想控制也控制不了。然而，绝不要被人家的评论牵住自己，更不要因别人的言语而苦恼。记住，自己就是自己，自己才是自己的主人！

在一个人的生活圈中，起码有一半的人不赞成你所说的那些事情。因此，无论你什么时候发表意见，你总是会有50%的机会，也总是要面对一些反对意见。

明白了这一道理后，当有人不同意你所说的某些事情时，你不要觉得自己受到了伤害，也不要立即改变你的意见以便赢得赞誉之词；相反，你应该提醒自己，没有人会十全十美到让每个人都满意的。如果你知道了这一点，也就知道了走出绝望的捷径。

现在许多人的通病就是不了解自己。他们往往在还没有衡量清楚自己的能力、兴趣之前，便一头栽在一个好高骛远的目标里，每天享受着辛苦和疲惫的折磨。他们希望获得他人的掌声和赞美，博得别人的羡慕。为此，便将自己推向完美的边界，做什么事都要尽善尽美。久而久之，他们的生活就变成了负担和苦闷，而不是幸福和享受了。

人贵在了解自己。根据自己的能力去做事，才能真正地喜悦。不管什么时候，你不必刻意去要求自己，不要以为自己的步伐太小太慢，重要的是每一步都能踏得稳。

人生苦与累，潇洒面对

人生苦，人生累，潇洒去面对。潇洒，是一种豁达，一种超脱，一种不拘一格，一种放得开的极高境界。困境中的潇洒，更是放弃苦难的明智，也是追求新生活的开始，这种潇洒更有价值。就让我们赶快在苦难堆积起来的人生中，潇洒地走一回。

有人说："人生是一幅画，每个人都在用手中的笔描绘着自己人生路途的丹青。"有人说："人生是一首歌，每个生命都在用自己的节奏奏出生命的交响。"

当你的努力获得成功，不要被喜悦的浪潮淹没。在品味过甜蜜之后，潇洒地站起身，抬起头，扬起可爱的笑脸，撑起自信的风帆，挥挥手，不带走一片云彩，继续你搏击的体验。

当你的天空下起了雨，不要被哀伤迷蒙了双眼，险峰上才有风光无限，让眼泪痛痛快快地流过之后，毅然地擦去泪珠，对着镜中的自己笑一笑，做个鬼脸，告诉自己"经历了风雨才能见彩虹"，走出门，大声说："我一定成功。""心还在梦就在，让我从头再来。"

潇洒的一生，要为自己创造自身条件，心里要有快乐的细胞，脑子里要运转幸福的信息。

而人的一生会遇到许多预想不到的事情，有挫折，有创伤，有疾病，有不幸，同时人生也有欢乐，有幸福。所以，人活在世上，要学会坚强、乐观、遗忘，包括糊涂。

学会坚强，不被任何事情所吓倒。无论你生活中遇到什么不幸，都要勇敢的去面对。比如，人的一生要经历升学、恋爱、家庭、事业以及疾病，和你预想不到的痛苦、悲伤等，都要勇敢去面对它，不要被任何事情屈服。人要有一个坚定的信念，乐观地面对你面前所发生的一切，那么悲伤，就会从你的身边溜走，曙光就会来到你的面前。

同时要学会遗忘。学会遗忘会给你的人生创造许多快乐，因为忧愁和烦恼会伴随你左右，只有学会遗忘，该忘却的就应该忘却，不该认真的就别认真，唯有这样，人才能过得潇洒些，快乐些。人的一生难免会做出使自己后悔的事情，然而，你可以有必要后悔一下，但不能一直后悔不止。正如一位心理学家所说：在各种误区行为中，悔恨是最无益的，无疑是在浪费感情和时间。因为无论你怎么样内疚悔恨，已经发生的事都是无法挽回的。

学会遗忘的糊涂观，也是一种明智的处事之道。

古人说，风来疏竹，风过而不留声，雁度寒潭，过而潭不留影。意思是说：当轻风吹过稀疏的竹木固然会发生沙沙的声响，可是当风过去之后，竹林并不会留下声音而仍旧归于寂静，当大雁飞过寒冷的深潭，固然会倒映出雁影，但是雁飞过之后，清澈的水面依旧是一片晶莹，并不会留下雁影。

所以说，世间万物，不论是长是短，是苦是乐，全部会飘然而过，毫不留痕迹的像是过眼烟云。我们对此应抱的态度是，事情来了我们用心去服务，事情过去之后，心要恢复寂静。

生命只有一次，生活也不会倒流，有人把生活比作是一条长长的录音带，可以用录上全新的内容抹掉从前的声音，既然如此我们为什么不去用那生活中最优美的音乐去覆盖住那不协调的乐章，甚至是那刺耳的噪音呢？

所以说，只有学会遗忘，善于遗忘，才能更好地保留人生最美的回忆，才会潇洒走人生。

第二章

有一种安静和淡然叫做放下

能放下是一种领悟、一种在历经磨难后的豁达，因为有时候想放下也不一定能放下。『放下包袱，且歌且行』——对于生活，我们要积极应对，放下精神和物质的『包袱』，以一种超然的态度去看待人生、创造人生、享受人生。不要因为一点点与目标无关的小事使自己的身体和心理承受不必要的压力，『放下』便是为自己打开一扇通向光明的窗，『放下』便是选择了一条豁然开朗的生命之路。

有钱了，你幸福吗

如今这个社会，金钱虽不是万能的，但，没有钱却是万万不能的。谁不在乎钱？

钱这个东西，犹如闷热夏季的风，求之极难，去之却快。拥有的时候，咱也可以下馆子时，“排出几文大钱”，叫道：“小二，拿酒来!”这种快慰平生的感觉，直叫人觉得不枉来世上一场。

在你有钱的时候，你也许会不觉得什么，“我不在乎钱”的豪言壮语往往冲天而出；可一旦没有钱，遭的那个罪，真是一言难尽。谁没有过“一分钱难倒英雄汉”的经历？在你出门吃完饭结账时，一摸口袋，才发现出门换了衣服，匆忙间忘记装钱了。在这种时候，你敢说你不在乎钱？

钱带给人的好处多得说不完。当商品交换发展到以货币为媒介，并在某种程度上用来衡量人的价值的时候，金钱的魅力越来越大，开始成为众多人追求的对象，有人深信“有钱能使鬼推磨”，为此不惜铤而走险。

因此，许多聪明的现代人不顾一切地去赚钱。许多人认为只有赚够了足够的钱，便可以幸福快乐地享受人生了。

在市场经济中，金钱是市场的“通货”，其作用可谓神通广大，可以买到市场上出售的一切东西。于是便有人推崇“金钱万能论”，于是便有人不惜牺牲健康来换取金钱。金钱成了幸福的代名词。

虽然生活中离不开金钱，但钱多了就快乐吗？事实并非如此，如今许多人钱赚得越多，反而负担越重，就是因为钱赚得越多，就花费越多，花费越多，就必须去赚更多的钱来支付更多的开销，也必须花更多时间去管理金钱和投资。金钱的诱惑是个巨大的无底洞，你永远也填不满，如果陷入其中，便只能活在追逐金钱的强大压力及追而不得的懊恼中，深深陷入而不能自拔。

在实际生活中，没有钱是不行的。假如遭遇困厄，生活拮据，身患重病……我们总是那样渴望金钱，渴望它带给我们健康，渴望它让我们摆脱困境，渴望它给我们带来舒适生活。这一切，的确无可厚非。可是，一旦对它有过多的贪欲，把它当作生活唯一的目标，一旦心灵完全被金钱占据，那我们便永无安宁之日了，因为它会让我们丧失人格、尊严、友情等，甚至为钱葬送了自己的一生。当一个人被金钱所异化时，他会什么事情都干得出来的。某些人民的公仆，由于贪欲膨胀，会把国家的机密出卖，会把大笔的巨款据为己有，甚至会侵吞国家拨的救灾款……妙龄的女子，由于铜臭腐蚀了灵魂，会把名誉、贞操、廉耻统统扔掉，用肉体换取金钱，以至葬送了自己的青春。金钱被看作神圣的，万能的，第一位的东西时，人便丧失了生命中一切宝贵的东西，人生便毫无幸福可言，人便不能再称之为人。一个最后“穷”的只剩下钱的人，一定活得很累。很乏味，很空虚。

有些人信奉金钱至上，金钱万能。说什么“金钱主宰一切”，“除了天堂的门，金子可以叩开任何门”等等。他们视金钱为上帝，不择手段去得到它。他们一边用损坏良心的办法挣钱，一边又用损害健康的方法花钱。钱越多的人，内心的恐惧越深重，他们怕偷，怕抢，怕被绑票。他们时时小心，处处提防，惶惶然终日，寝食难安。恐惧的压力造成心理严重失衡，哪里有快乐可言？其实，钱财乃身外之物，生不带来死不带走，应该取之有道，用之有度。金钱也并非万能，健康、友谊、爱情、青春等都无法用金钱购买。金钱是一个很好的奴隶，但却是一个很坏的主人，我们应该做金钱的主人，而不应该沦为它的奴隶。

钢铁大王安德鲁·卡耐基说：“一个人死的时候还极有钱，实在死得极可耻。”要有合于时代的金钱感觉，即合理地支配你们拥有的钱财。在《赢家的强运法则》一书中作者这样写道：这句话说来容易，实际做来却有困难，因为人对事情的想法和创意，多多少少曾受限于生长的环境，所以虽然知道，却不容易做到。因此，我要告诫大家一个基本的哲学命题：做金钱的主人，不要做它的奴仆！换句话说，不要被金钱束缚，单是这个基本的想法，就值得跨越任何时代而铭记在心。我们虽然难以达到洛克菲勒的境界和卡耐基所说的标准，但作为普通人的我们，却也可以在金钱的植培里活出自己的样子。诚如托尔斯泰所说的那样：钱只有在使用时，才会产生它的价值，如果放着不用，就根本毫无意义。让金钱为我所用，为人所用，而不要成了不肯花钱的可怜的守财奴，这样的人生才能痛快潇洒！

幸福的宝塔不是用钱堆起来的，生活中还有许多远比钱更有意义的东西值得我们去追寻，比如爱情，比如友谊，比如健康……有句名言说得好：“能用钱买来的都不贵。”不要让钱挡住我们的眼睛，不要让钱成为套住我们心灵的枷锁。做一个洒脱的现代人吧！切记，钱乃身外之物，生不带来，死不带去，如果连生命都丢了，钱再多又有何用？

世上有很多比钱更宝贵的东西，譬如崇高的理想、伟大的事业、高尚的道德、优良的品质、无私的友谊、忠贞的爱情等等。正如一位知名国际问题专家所言：钱可以买到房屋，但买不到家；可以买到药物，但买不到健康；可以买到珠宝，但买不到美；可以买到伙伴，但买不到朋友；可以买到虚名，但买不到实学；可以买到权力，但买不到威望；可以买到“小人的心”，但买不到“君子的志”。

人们世界观所决定的思想、立场、情感是对待钱的“总开关”。只要把好世界观这个“总开关”，就不会被钱所左右。虽然一些犯罪分子在东窗事发时，总是悲叹“我真糊涂，是钱害了我”，但如果不是人生观扭曲、信念丧失、道德败坏，又怎么会沦为金钱的奴隶、人民的罪人？钱是一面镜子，干净的人照出洁白无瑕，污浊的人照出丑陋嘴脸。对于钱，培根强调“应当用正当的手段去谋求”，靠“卑劣手段得来的财富却是肮脏的”。如果以有钱为乐、以享受为人生追求，必然会挣黑钱、贪不义之财，聚敛越多越是不幸，越是罪过。

内心认同了，才是真的富有

一个富人去拜访一位哲学家，请教他为什么自己有钱后变得越发狭隘自私了。哲学家把他带到窗前，问："向外看，告诉我你看到了什么？"富人说："我看到外面世界的很多人。"哲学家又将他带到一面镜子前，问："现在你又看到了什么？"富人回答："我自己。"哲学家一笑说："窗子和镜子都是玻璃做的，区别只在于多了一层薄薄的银子。但就是因为这一点银子，便叫你只看到自己而看不到世界了。"

人们都知道石油大王洛克菲勒是个著名的慈善家，但很少有人知道洛克菲勒也曾被薄薄的一层银子蒙住了双眼。

洛克菲勒出身贫寒，创业初期勤劳肯干，人们都夸他是个好青年。可当他富甲一方后，变得贪婪冷酷，宾西法尼亚州油田地带的居民深受其害，对他恨之入骨。有的居民做成他的木偶像，然后将那木偶像模拟处以绞刑，以解心头之恨。无数充满憎恨和诅咒的威胁信被送进他的办公室，连他的兄弟也不齿他的行径，而将儿子的坟墓从洛克菲勒家族的墓园中迁出，说在洛克菲勒支配的土地上，儿子无法安眠！洛克菲勒的前半生就在众叛亲离中度过。洛克菲勒 53 岁时，疾病缠身，人瘦得像木乃伊。医生们向他宣告了一个残酷的事实：他必须在金钱、烦恼、生命三者中选择一个。这时他才开始领悟到，是贪婪的恶魔控制了他的身心。他听从了医生的劝告，退休回家，开始学打高尔夫球，去剧院看喜剧，还常常跟邻居闲聊。他开始过一种与世无争的平淡生活。

后来，洛克菲勒开始考虑如何把巨额财产捐给别人。起初人们并不接受，说那是肮脏的钱。可是通过他的努力，人们慢慢地相信了他的诚意。密歇根湖畔一家学校因资不抵债行将倒闭，他马上捐出数百万美元，从而促成了如今的芝加哥大学的诞生；北京著名的协和医院也是洛克菲勒基金会赞助而建成的；1932 年中国发生了霍乱，幸亏洛克菲勒基金会资助，才有足够的疫苗预防而不致成灾；此外，洛克菲勒还创办了不少福利事业，帮助黑人。从这以后，人们开始以另一种眼光来看他。

洛克菲勒的前半生为金钱迷失了方向，后半生千金散尽，才重返生命的正道。他一生至少赚进了 10 亿美元，捐出的就有 7.5 亿。他用一生的时间才找回曾经丢失的世界，那里有用金钱买不到的平静、快乐、健康和长寿，以及别人的尊敬和爱戴。做到这些，享年 98 岁的洛克菲勒无憾了。

雅虎 CEO 杨志远说："很多人把钱看成人生目标，或者职业的目标。我不是在有钱的家庭里长大的，有的人家里没有钱，所以很需要钱；也有的人没有钱，但一家人仍然过得很快乐，我属于后一种家庭。所以，在这一点上我认为，有一个快乐的家庭，有很好的朋友；不是在物质上，而是在精神上得到心灵的快乐，这是最重要的。"

不知拜金主义者是什么心态，或许对于他们来说，金钱就是一切。但我们却可以用另一种姿态让他们看到，金钱买不来快乐，买不来朋友，买不来精神上所需要的一切。看来，在这个物欲横流、纸醉金迷的世界里还有金钱所无能为力的事情。

一个人的财富观肯定是受其人生观、价值观等的影响。其实不管一个人的财富状况如何，平和、健康、积极向上的心态是最重要的，它是决定人们行事的根本。如果一个人无论是在腰缠万贯还是一文不名的情况下都能做到"不管风吹浪打，胜似闲庭信步"的从容和优雅，或者我们已经拥有了一生中最大的财富。

《三联生活周刊》推出的新闻人物中有一个陌生的名字：布洛克。这位叫布洛克的美国富翁因为对自己生活方式的毅然改变，引出了一个永恒的话题——什么是财富？

布洛克原是家族大公司的总经理，在他执掌公司几年后，意识到失去了太多与家人相处的时间，于是他决定放弃年薪 60 万美元的职位，回到亲人中间。他说："我不想等将来回首往事的时候，发现自己除了钱什么也没有。"他在一所中学谋得了一个年薪只有 2 万美元的数学教师职位。在一年结束之际，他收到了来自学生的贺卡，贺卡上写着一句令他骄傲的赞美："给天下最棒的老师。"

在这个故事中，我还读出另一方面的财富：认识亲情。众所周知，美国是个金钱万能的社会，"天堂和地狱"集于一身。在我们读到的美国社会中，亲情的失去是一个重要的话题。人际社会需不需要亲情，亲情会不会被金钱取代，或许这是一个需要整个社会来思考的问题。布洛克的选择是否就是这种思考的一种方式和答案，现在还不能肯定，但有一点，我想应该很明确，拥有亲情也是某种意义上最大的财富，真正的财富。

真正的财富是一种内心的认同，而不是一种鼓动。当很多的人不顾一切追逐金钱的时候，其实他们在做一个赔本的买卖，结果他们输得精光，除了钱，什么都没有了。

慢一步，稳一点

有两棵大小相同的树苗，同时被主人种下，也被一视同仁地细心照料着，不过，这两棵树的起跑点虽然相同，后续的成长状况却大不相同。

第一棵树拼命地吸收养分，一点一滴储备下来，仔细地滋润身上的每一根枝干，慢慢地累积能量，默默地盘算如何让自己扎扎实实、健康茁壮地成长。

另一棵树也一样非常努力地吸收营养，不过它追求的目标与第一棵不同，它将养分全部聚集起来，并使劲地将这些养分推至树端，一心想着如何让开花结果的时间提早来到。

第二年，第一棵树开始吐出了嫩芽，也十分积极地让自己的主干长得又高又壮；而另一棵树也长出了嫩叶，不过它却迫不及待地挤出了花蕾，似乎随时都可以开花结果。

这个景象让农夫非常吃惊，因为第二棵树的成长状况非常惊人。只是，当果实结成时，由于这棵树尚未长成，却提早承担了开花结果的责任，因此一时间吃不消，把自己折腾得累弯了腰，至于所结的果实更是因为无法充分吸收养分，比起一般正常的果实要酸涩。

再加上它的体型矮小，许多孩子都喜欢攀上树端嬉戏玩乐，并且拿那些还未成熟的果实游戏，时日一久，这棵树在身心受创的情况下，逐渐失去了生长的活力。

第一棵树的情况却完全相反，原本不被看好的它，反而越来越茁壮，在经年累月的耐心等待之后，终于花蕾绽放。

由于养分充足、根基稳固，不久结成的果子也比其他的树更大更甜，而那急于开花结果的第二棵树却日渐枯萎。

很多人就像第二棵树一般，只学会了皮毛，便急着出头与表现，然而，当他的皮毛用尽，也就意味着能力不过如此而已。

这时候，不仅难以占有立足之地，还会跌到更深的谷底，甚至连重新开始的机会都很难找到。

请看一个牧师在他的布道词里所讲的故事：

上帝给我一个任务，叫我牵一只蜗牛去散步。

我不能走得太快，蜗牛已经尽力爬，每次仍总是挪那么一点。

我催促它，我吓唬它，我责备它，蜗牛用抱歉的眼光看着我，仿佛说："我已经尽了全力！"

我拉它，我扯它，我甚至想踢它，蜗牛受了伤，它流着汗，喘着气，往前爬。真奇怪，为什么上帝要我牵一只蜗牛去散步？

"上帝啊！为什么？"天上一片安静。

唉！也许上帝抓蜗牛去了！好吧！松手吧！

反正上帝不管了，我还管什么？

任蜗牛往前爬，我在后面生闷气。

待放慢了脚步，静下心来……

咦？

忽然闻到了花香，原来这边有个花园。

我感到微风吹来，原来夜里的风这么温柔。

还有！我听到鸟声，我听到虫鸣，我看到满天的星斗，多美。

咦？

以前怎么没有这些体会？

我这才想起来，莫非是我弄错了！

原来上帝叫蜗牛牵我去散步。

你找到你的蜗牛了吗？偶尔出去散散步吧！

有人怨天尤人，有人感叹世事变迁，那低低的话语中尽是对生活的厌恶，对人生的绝望，难道自己的生活就这样平庸吗？只要你能以平常心面对人生，进而发现生活中的美，你的人生就有无尽的价值。

漫步在幽深的小路上，呼吸着清新的空气，透过树荫，阳光在地上洒落无数碎石般的斑纹。微风拂过，扑面而来的是淡淡的花香，使人心旷神怡。仰天长望，白云掠过，几丝白云在轻轻地飘。哼一首无名的小曲，默念一首小诗。你感受到生活之美了吗？

在生命漫长的旅程中，我们会遭遇这样那样的挫折和困难，但也正是因此，生命变得更加丰富多彩。没有人希望自己的一生是在平淡无奇、庸庸碌碌中度过，那样似乎总觉得是枉来人间走一趟。那么，当挫折和困难要来点缀我们生命的时候，我们为何还要远避！

在你困难之际，一双双温暖的手会向你伸来，在你欢乐之际，一句句祝福会向你飘来，在你悲伤之时，安慰的话、贴心的话会抚慰你受伤的心……这都是你的幸福，这都是生活中的美啊！

生活本身是快乐的。何必因为一些事情而生气呢？遗忘它，放走它。用想象的方法，假设它是一只气球，被扎破后，慢慢缩小，“气”也随之飘到九霄云外。选择遗忘，一定能让自己感到舒服、放松。你的生活负担正在渐渐消失，你感受到了吗？

品味生活，在于抓住生活的空隙。一些不经意间发生的事情，往往会带来许多欢乐。

生活的意义，正如一杯清茶，越冲越香，越品越醇。谁都能体会到它的清苦，可只有细细品味，才能体会到其中的香醇。

一寸光阴一寸金，今天的每分每秒都值得珍惜。因此，品味你眼前的每一刻，尽你可能地淋漓尽致地生活。偶尔，不妨放慢前进的脚步，领着你的蜗牛去散散步，你就会领略到很多在忙碌中错过的美景。

将欲取之，必先予之

敢于放弃，取决于真正的聪明，绝对的智慧。而一切斤斤计较、机关算尽的聪明，归根结底都是“小聪明”，到头来往往是聪明反被聪明误。

世界万事万物都是转化和守恒的。睡眠和休息丧失了时间，却取得了明天工作的精力。只有丧失，才能获得。市场交易，买者如果不丧失金钱，就不能取得货物；卖者如果不丧失货物，也不能取得金钱。一个军队失去了城池，但杀伤了敌人有生力量；一个人失去了花前月下的爱情，但却增加了锻造自己的时间。只有丧失才能不丧失，这是“将欲取之，必先予之”的道理。不愿意丧失一部分，结果往往会丧失了全部。因此，不管是被动的失去，还是主动的放弃，都是值得肯定的。失去了一个东西，没必要伤心；得到了一个东西，也没必要高兴。“塞翁失马，焉知非福”，因为，总的得失是平衡的。对于幸福，我们不要被动地等待，而要主动的争取。有智慧的人是能理解和把握这种平衡的，所以不要总想着好事被自己一人占尽，完美的想法通常是不切合实际的，而不完美中才真正蕴含待完善。

知道自己“有限”的聪明是一件幸运的事。有一个聪明的男孩，有一天妈妈带着他到杂货店去买东西，老板看到这个可爱的小孩，就打开一罐糖果，要小男孩自己拿一把糖果。但是这个男孩却没有任何的动作。几次的邀请之后，老板亲自抓了一大把糖果放进他的口袋中。回到家中，母亲很好奇地问小男孩，为什么没有自己去抓糖果而要老板抓呢？小男孩回答得很妙：“因为我的手比较小呀！而老板的手比较大，所以他拿的一定比我拿的多很多！”默想：这是一个聪明的孩子，他知道自己的有限，而更重要的，他也明白别人比自己强。凡事不只靠自己的力量，学会适时地依靠他人，是一种谦卑，更是一种聪明。

但我们更欣赏那种大聪明。

二战结束后，以美英法为首的战胜国几经磋商，决定在美国纽约成立一个协调处理世界事务的联合国。美国著名的家族财团洛克菲勒家族经商议，果断出资

870 万美元，在纽约买下一块地皮，无条件地赠给了这个刚刚挂牌、身无分文的国际性组织。同时，洛克菲勒家族也把毗邻这块地皮的大面积地皮全买下了。

对洛克菲勒家族的这一出人意料之举，当时许多美国大财团都吃惊不已。人们纷纷嘲笑说："这简直是愚人之举!"

但是，奇怪的是，联合国大楼刚刚建成，毗邻它四周的地价便立刻飙升，相当于捐赠款数十倍、近百倍的巨额财富源源不断地涌进了洛克菲勒财团。

"将欲取之，必先予之"，洛克菲勒家族敢于在放弃中挣大钱之举，无疑是"大智若愚"的经典。

敢于放弃，取决于真正的聪明，绝对的智慧。而一切斤斤计较、机关算尽的聪明，归根结底都是"小聪明"，到头来往往是聪明反被聪明误。

放下是一种觉悟

放下是一种觉悟，更是一种心灵的自由。

只要你不把闲事常挂在心头，你的世界将会是一片光风霁月，快乐自然愿意接近你！

其实，生活原本是有许多快乐的，只是我辈常常自生烦恼，“空添许多愁”。许多事业有成的人常常有这样的感慨：事业小有成就，但心里却空空的。好像拥有很多，又好像什么都没有。总是想成功后坐豪华邮轮去环游世界，尽情享受一番。但真正成功了，仍然没有时间没有心情去了却心愿。因为还有许多事情让人放不下……

两个和尚一道到山下化斋，途经一条小河，两个和尚正要过河，忽然看见一个妇人站在河边发愣，原来妇人不知河的深浅，不敢轻易过河。一个年纪比较大的和尚立刻上前去，把那个妇人背过了河。两个和尚继续赶路，可是在路上，那个年纪较大的和尚一直被另一个和尚抱怨，说作为一个出家人，怎么能背个妇人过河，甚至又说了一些不好听的言语。年纪较大的和尚一直沉默着，最后他对另一个和尚说：“你之所以到现在还喋喋不休，是因为你一直都没有在心中放下这件事，而我在放下妇人之后，同时也把这件事放下了，所以才不会像你一样烦恼。”

对此，台湾作家吴淡如说得好，好像要到某种年纪，在拥有某些东西之后，你才能够悟到，你建构的人生像一栋华美的大厦，但只有硬体，里面水管失修，配备不足，墙壁剥落，又很难找出原因来整修，除非你把整栋房子拆掉。

你又舍不得拆掉。那是一生的心血，拆掉了，所有的人会不知道你是谁，你也很可能会不知道自己是谁。

仔细咀嚼这段话，其中的味道，我辈不就是因为“舍不得”吗？

很多时候，我们舍不得放弃一个放弃了之后并不会失去什么的工作，舍不得放弃已经走出很远很远的种种往事，舍不得放弃对权力与金钱的角逐……于是，我们只能用生命作为代价，透支着健康与年华。不是吗？现代人都精于算计投资的回报率，但谁能算得出，在得到一些自己认为珍贵的东西时，有多少和生命休戚相关的美丽像沙子一样在指掌间溜走？而我们却很少去思忖，掌中所握的生命的沙子的数量是有限的，一旦失去，便再也捞不回来。

聪明过了头，你就不幸了

凡是太聪明、太能算计的人，实际上都是很不幸的人，甚至是多病和短命的。美国心理专家威廉通过多年的研究发现，算计者百分之九十以上都患有心理疾病。这些人感觉痛苦的时间和深度也比不善于算计的人多了许多倍。换句话说，他们虽然会算计，但却没有好日子过。

威廉认为，凡是太过于算计的人，都是活得相当辛苦的人，又总是感到不快乐的人。

一个太能算计的人，通常也是一个事事计较的人。无论他表面上多么大方，他的内心深处都不会坦然。算计本身首先已经使人失掉了平静，掉在一事一物的纠缠里。而一个经常失去平静的人，一般都会引起较严重的焦虑症。一个常处在焦虑状态中的人，不但谈不上快乐，甚至是痛苦的。

爱算计的人在生活中，很难得到平衡和满足。反而会由于过多的算计引起对人对事的不满和愤恨。常与别人闹意见，分歧不断，内心布满了冲突。

爱算计的人，心胸常被堵塞，每天只能生活在具体的事物中不能自拔。习惯看眼前而不顾长远。更严重的是，世上千千万万事，爱算计者并不是只对某一件事情算计，而是对所有事都习惯于算计。太多的算计埋在心里，如此积累便是忧患。忧患中的人怎么会有好日子过？

太能算计的人，也是太想得到的人。而太想得到的人，很难轻松地生活。往往还因为过分算计引来祸患，平添麻烦。

太能算计的人，必然是一个经常注重阴暗面的人。他总在发现问题，发现错误，处处担心，事事设防，内心总是灰色的。

太能算计的人，目光总是怀疑的，常常把自己摆在世界的对立面。这实在是一种莫大的不幸。太能算计的人骨子里还贪婪。拥有更多的想法，这些想法会成为算计者挥之不去的念头，像山一样沉重地压在心上。生命变得没有色彩。

而更有趣的是，威廉自己曾经就是一个极为能算计的人。他知道华盛顿的哪家袜子店的袜子最便宜，哪怕只比其他店便宜几分钱。他知道方圆三十里内，哪家快餐店能比其他店多给顾客一张餐巾纸。至于哪辆公共汽车比哪辆公共汽车便宜五分钱，什么时候看电影门票最低等。威廉可以说是了如指掌。

正因为这样，威廉得了一身病。三十岁之前，他总与医院打交道。当然，他也知道哪一家医院的药费最便宜。不过那时他没有一天好日子过，更不要说快乐了。物极必反。威廉在他三十二岁那年终于醒悟了。他开始了关于“能算计者”的研究。追踪了几百人，结果得出了惊人的论述。

很多人都曾经说过“难得糊涂”四个字，但真正理解其含义的，又有几人呢？

当初郑板桥为官之时，将官场、世事看得太清楚、太明白、太透彻而又无以为释之时，又因其性情刚直，不谄媚、不圆滑，而不平不公之事太多，凭一己之力却又无能为力的时候，只好在“糊涂”之中寻求遁世之术。

如今，每个人都希望自己聪明，越聪明越好，越聪明越显示自己为人处世的高明。可是，任何事情都不是绝对的，聪明过头，并非是件好事。王熙凤不就是机关算尽反误了卿卿性命吗？看来一个人还是别过于精明，知道的太多，事事计较，反而会让人伤神。

聪明有大聪明与小聪明之分，糊涂亦有真糊涂、假糊涂之别。

北宋人吕端，官至丞相，是三朝元老，他平时不拘小节，不计小过，仿佛很糊涂，但处理起朝政来，他却机敏过人，毫不含糊。宋太宗称他是“小事糊涂，大事不糊涂”。有一种人恰恰相反，只要是便宜就想占，只要是好处就想贪。为了一点小利，不顾前程；为了一点小过，争个你死我活。这种人看似聪明，其实再糊涂不过了。

人毕竟没有三头六臂，当你事事比别人聪明时总会引起别人的反感和嫉妒，终究“明枪易躲，暗箭难防”，导致自己受到无谓的伤害，甚至牺牲。真正聪明的人，正直的人大可不必在一些琐碎小事上锱铢必较，此时“糊涂”一下又何妨？只要能在大事上，原则上保持清醒头脑就行了。为人处世，千万不要在小事上纠缠不休，搞得自己精疲力竭，心绪不宁，而到了大事面前，却又真的糊涂了。这样的生活，太得不偿失了。

小事糊涂者，轻权势、少功利、无烦恼，则终成正果；大事糊涂者，则朽木不可雕也。

俗话说：“真正聪明的人，往往聪明得让人不以为其聪明。”这句话的本意不也就是难得糊涂的意思吗？聪明的人表面愚拙。糊涂，实则内心清楚明白，这不是一种更为高明的处事艺术吗？

“糊涂”常可使我们心境平静，无欲无贪，正如“值利害得失之会，不可太分明，太分明则起趋避之私”一样。没学“糊涂”学之人终于在凡尘俗世中不得安宁矣。

在瞬息万变的现代社会中，许多事情非要寻出个究竟，有时也是不现实的。多一点“糊涂”，少一点计较，何尝不是另一番开朗、超脱的生活风光呢？

最大的幸福不是追逐，是放下

有一位老太太生病了，她没事总唠叨着完了的话，结果身体越来越差，原来不太重的病，反而越来越厉害。相反，另一位老人虽然做了癌症切除手术，但她想得开，反正都活了快80岁了，死了也值了，管它呢？越是这样想，老人越精神振奋，每天照样拄着拐杖到处去玩、去转，一年多下来，病情并未恶化。

从健康的角度讲，得病是很正常的，吃五谷杂粮，不得病怎么可能呢？但是也很奇怪，有些身体极差的人群，反倒活得很健康，而有些条件很好的人，反倒得了病。原因何在呢？答案是：凡事放不下的人，最容易染病，而凡事放得下的人也最心宽体胖。难道不是吗？

年过八旬的吴阶平教授在谈及精神养生时介绍的一条主要经验就是“不把悲伤的事放在心上”。他认为“人生不如意的事常八九”，总要想得开，以理智克制感情。著名学者季羡林老教授的养生经验是奉行“三不主义”，其中有一条就是“不计较”。这都体现了“放得下”的心理素质。

在现实生活中，“放不下”的事情实在太多了。

奥运会上，有许多运动员患得患失放不下，本来挺有能力夺冠，结果反倒丧失了机遇。而有些人一切都放得下，原本没有能力夺冠，反倒发挥超常，一举夺冠。

生活中，有些人总想什么都得到，凡事都非常放不下，结果越是放不下，越得不到。而有些人凡事都随遇而安，不但可以绝处逢生，而且能够抓住机遇，获得意想不到的成就。

还有比如子女升学啦，家长的心就首先放不下，又比如老公升上去或者发财啦，老婆也会忐忑不安放不下心，怕男人有钱变坏了；再如遇到挫折、失落或者因说错话、做错事受到上级和同事指责，以及好心被人误解受到委屈，于是心里总有个结解不开，放不下等等，等等。总之有些朋友就是这也放不下，那也放不下，想这想那，愁这愁那，心事不断，愁肠百结。

“文革”期间有位从部队调到地方工作的师级干部，他因不服“四人帮”横行，而被打成“老右派”。当时批判他的大字报铺天盖地。但这位干部也真绝，在大热天居然披着棉大衣去看大字报。别人以为他“发寒热”，他却幽默地说：“这就叫心定自然凉。”有位著名演员在受审查的“牛棚”里，不但说笑如常，而且还自编了一套“牛棚健身法”，直到如今，他还在用此法锻炼身体，年过八旬照样到戏曲沙龙引吭高歌。这是多么放得下啊！这些都是特殊情况下特殊人物的特殊放得下。

在通常情况下，“放得下”主要体现于以下几方面。

财能否放得下。李白在《将进酒》诗中写道：“天生我材必有用，千金散尽还复来。”如能在这方面放得下，那可称是非常潇洒的“放”。

情能否放得下。人世间最说不清道不明的就是一个情字。凡是陷入感情纠葛的人，往往会理智失控，剪不断，理还乱。若能在情方面放得下，可称是理智的“放”。

名能否放得下。据专家分析，高智商、思维型的人，患心理障碍的比率相对较高。其主要原因在于他们一般都喜欢争强好胜，对名看得较重，有的甚至爱“名”如命，累得死去活来。倘然能对“名”放得下，就称得上是超脱的“放”。

愁能否放得下。现实生活中令人忧愁的事实在太多了，就像宋朝女词人李清照所说的：“才下眉头，却上心头。”忧愁可说是妨害健康的“常见病，多发病”。狄更斯说：“苦苦地去做根本就办不到的事情，会带来混乱和苦恼。”泰戈尔说：“世界上的事情最好是一笑了之，不必用眼泪去冲洗。”如果能对忧愁放得下，那就可称是幸福的“放”，因为没有忧愁确是一种幸福。

宠辱不惊，看庭前花开花落；去留无意，望天上云卷云舒。让我们一起来学会“放得下”，以此来增强我们的幸福的感觉吧。

功名乃浮名，你明白吗

在岁月的长河中，在历史的篇章里，有许多人被视为伟人。他们崇高的人格，伟大的功绩，使人类将牢牢记住他们的名字。他们深邃的目光，深刻而崇高的思想与风范气质，超越常人，达到众人难以企及的高度，在人类的社会中，他们如同夜空中灿烂的群星，在黑暗中闪烁着神圣、耀眼的光芒。在美国，就有这样一个被无数人景仰，并且载入史册的伟人，他就是乔治·华盛顿。

在孩提时代，华盛顿就是一个与众不同的孩子，他生来就正直诚实，办事极为公道，这与他受到修养极好的父亲智力上和道德上的熏陶有关。他渴望着成为一名驰骋疆场、威风凛凛的勇敢军人，报效国家和人民。在他的同学中，他总是领导者。

1748 年，英法两国为了争夺在北美的领地和利益而发生冲突，双方都开始备战。由此也为华盛顿提供了一个走入军界的机会。那一年，他 19 岁。

在数年的战争中，华盛顿处事谨慎，富于进取精神，有忍耐力，更有魄力。在每次战斗中，他都骑着自己的白马冲锋陷阵。他用实际行动赢得了身边人的崇拜和信任。

美国独立战争胜利以后，人们希望有一个独揽大权的人物来接管政府。在人们眼里，华盛顿就是这样一个人。军中也有这样的思想，甚至有军官上书要求他做皇帝。但是华盛顿并不想当皇帝，他从不对名利动心，他追求的是得到广大人民的尊敬，他是一个视荣誉重于生命本身的人，有着强烈的共和思想。因此他在向大陆会议索要独立自主的权力时，多次重申，一旦战争结束，他将解甲归田，化剑为犁。他不愿为了一顶金灿灿的皇冠以及个人的野心而使美国在刚刚摆脱英国的殖民地统治后又重新陷入内战之中。

和平终于来临了，1783 年 3 月下旬，英美签署和平协议。4 月 19 日，历时 8 年的北美独立战争结束。华盛顿时年 51 岁，他辞去军职，向部队告别。面对昔日生死与共的战友，他激动不已，与他们斟酒告别。人们热泪盈眶纷纷与他拥抱，最后为了不使自己过于激动，他一句话也没有说，泪流满面地径直离去。在费城，他与财政部的审计人员一起核查了他在整个战争过程中的开支，账目清楚，准确，他甚至还贴补了许多自己的钱。

辞职的他回到了家，回到了自己的农场，过上了平静的生活。

华盛顿的辞职树立了一个影响深远的先例，让人主动放弃权利是不可思议的，对于一个能随其心愿担任任何职务的人而言，这就更令人称奇。

浮生一世，短短几十年，总有一天连生命都不得不放弃，还有什么看不开的呢？懂得放弃的人往往要比一味追求的人得到的更多些，也更放松些和快乐些。人生的路很宽，为官为民，有钱没钱，一样可以活得有滋有味，只不过各有各的活法而已。民有民的乐，官有官的忧；穷有穷的喜，富有富的悲，此皆随个人与环境的不同而变化，我们真的没有必要处心积虑地去追求不属于自己的东西。

当然，平常心并不是寻常人具有的，它是经历磨难、挫折后的一种心灵上的感悟，一种精神上的升华。"宠辱不惊，去留无意"说起来容易，做起来却十分困难。红尘的多姿、世界的多彩令大家怦然心动，名利皆你我所欲，又怎能不忧不惧、不喜不悲呢？否则也不会有那么多的人穷尽一生追名逐利，更不会有那么多的人失意落魄、心灰意冷了。只有做到了宠辱不惊、去留无意方能心态平和，恬然自得，方能达观进取，笑看人生。

"世人都说神仙好，惟有功名忘不了"，人人都想活得潇洒一点，轻松一点，快乐一点，但终其一生也潇洒不了，轻松不了，快乐不了。他们被什么东西拖住了，缠住了，压住了，这东西就是功名利禄。功名利禄成了人生的境界，似乎功名愈厚，人生也愈美妙滋润。其实功名利禄是一副用花环编织的罗网，只要你进去了，你就无法自在与逍遥。没有功名利禄，于是想得到功名利禄。得到了小的功名利禄想得到更大的功名利禄，得到功名利禄，又害怕失去功名利禄。人生就在这患得患失中度过，哪里品尝得到人生的甘美清纯滋味呢？世人只知道功名利禄会给人带来幸福，殊不知功名利禄也会给人带来痛苦。为了功名利禄，我们劳心、劳神、劳力。为了功名利禄，我们计划、忙碌、奔波。为了功名利禄，我们怀疑、欺诈、争斗。为了功名利禄，我们玩阴谋、耍诡计溜须拍马。为了功名利禄，我们如履薄冰、患得患失。

孔子说："逝者如斯夫，不舍昼夜。"这世间的事物都像流水一样流动着，没有静止不变的，得失既是永恒的，也是易变的。有了付出才有回报，没有无回报的付出，也没有无付出的回报。付出越多，回报越大，没有付出就没有回报。一分耕耘，一分收获，“为人处，即是为己处”，说的都是这道理。希求不劳而获，像阿里巴巴与四十大盗中的叫声“芝麻开门”就可得到无尽财富一样，那不过是存于人们的幻想之中的“天方夜谭”而已。

在名利问题上，得失的对立似乎特别明显。然而究其实，两者总是相互转化的，得到反而意味着失去，失去反而意味着得到，甚至得失的不仅是名利，还有身家性命。在形式上放弃它，反而能够永久地保存。当刘备将死时，此时三分天下之势已确立，他看到诸葛亮确实是人杰，就劝他如果儿子阿斗可以辅助就加以辅助，如果实在上不了台面就自己做君称王罢了。而诸葛亮未必不是做君主的料，他甘做人臣，这似乎没有得到人主之高位与尊荣，但千载之后，他的英名却比任何一位皇帝都高。一句“鞠躬尽瘁，死而后已”，把他与历史与汉文字永久性地连在一起。如果他废阿斗自立，那他前半生的一切英名，都将被篡权者的恶名所掩盖。这正是最大的得到。

“真正之名誉，在虚荣之外。”“名誉像一条河，轻漂而虚肿地浮在上面，沉重而坚实的东西沉到底下。”（培根语）如同稻田里的稗子一样，与名誉孪生的是虚荣。“虚荣心在人们的心中如此稳固，因此每一个人都希望受人羡慕；即使写这句话的我和念这句话的你都不例外。”（美国，巴斯卡语）这只是指一般人的正常心态，但虚荣心过强会给人带来无穷的烦恼。踏上虚荣的高台阶，必定迈进自私的低门槛。

其实呢，名誉不过是人生的化妆品，美的也好，丑的也罢，都不必太在意。俗话说：“退一步阳光大道，进一步死路一条。”追求虚名是人类的一大弱点，是害别人也是害自己的祸患。应谈笑看虚名，追求事业，不为名利牵累。

生活本身并不累，是你活得太累

“生活真是太累了!”常听一些人喊出这样一句话。其实，生活本身并不累，它只是按照自然规律、按照它本身的规律在运转。说生活太累的人是他本人活得太累了。

是啊，生活的涵盖量是太大了。生活在这个世界上，你要为衣、食、住、行去奔忙，要去应付各种各样的事，要去与各种各样的人相处。可谁又能保证你所接触的事都是好事，你所遇到的人都是谦谦君子呢？即使是上帝掌握在你手中，恐怕也不会那么幸运，更何况并没有万能的上帝呢？所以，生活中必然要有这样或那样的事，有喜就会有悲，有幸运之神也会有不幸的降临。人也是如此，有君子就有小人，有高尚之士就有卑鄙之徒。事物都是相对而生的，否则生活又怎么能称之为生活呢？只有各种各样的事、各种各样的人糅合在一起，才能构成色彩斑斓的世界，也只有这样的生活才是有滋味的。

在生活中，面对各种各样不合自己心意的事，与各种各样不与自己性格相符的人相处，你会采取什么样的态度呢？是坦然、磊落、轻松地对待，还是谨小慎微，抬头怕顶破天，走路怕踩到蚂蚁呢？值得告诉大家的是，不要让自己长期生活在紧张、压抑之中，不要让自己的琴弦绷得太紧，也就是别活得那么累。必要的时候，放松一下自己，轻松地活着。

生活毕竟是公平的，对谁都是一样，没有绝对的幸运儿，更没有彻底的倒霉鬼，你有这样的不幸，他还有那样的烦心事；别人有那样的好机会，你还会有这样的好运气。所以，千万别把自己说得那么悲惨，更不要把自己缠绕在自己织的网中，挣扎不出来。

感觉生活太累的人一般都是一些胆小怕事者。每说一句话都要考虑别人会怎么看待自己，会不会因为这一句话而伤害某人；每做一件事都要瞻前顾后，生怕因为自己的举动给自己带来不好影响。工作中，对领导、同事小心翼翼，生活中对朋友、邻居万分小心，那真是连个臭虫都不敢打死的“谨慎”之人。其实，你的周围有那么多人，而每个人的脾气都不一样，你不可能做到使每个人都满意。即使你样样谨小慎微，还是有人对你有成见。所以只要不违背常情，不失自己的良心，那么挺起胸膛来做人做事，我想效果恐怕比那样更好。

感觉活得太累的人往往不能很好地调整自己，每遇不幸之事发生时，不能辩证、乐观地去看待。而且容易对生活产生悲观想法，似乎世界末日就要来临了。哪怕是看电视时看到日本发生了地震，死了许多人，也会紧张得要命，夜里不得安睡，总是疑心地球要爆炸了，说不定哪天自己就上西天了。你说，这不是杞人忧天吗？

如果长此以往，总是生活在心情沉重、感情压抑之中，那将是非常可怕可悲的事。处处都要考虑得失，时时都要注意不必要的小节，你还有更多的时间去干大事，去成就你的大事业吗？回答当然是否定的。因为你连很小的一件事都要左思右虑，时间就在你的犹豫中溜走了。也许，当你老了的时候，你回过头来会发现自己是那么渺小，两手空空，一事无成。到那时，只有眼看着五彩斑斓的人生变成黑白没有的了。

时刻感觉生活太累的人，必然看不到生活中光明的一面，更感觉不到生活的乐趣。因为他的时间统统用来盯住自己周围狭小的一点空间，而无暇顾及他事。而且，他的生活是非常被动的，因为他不愿主动去做什么，生怕天上飞鸟的羽毛砸了自己。这样的生活不会是幸福，更没有快乐可言、这样的生活是沉重的。

活得累的人很少有幽默感，更不会去放松一下自己，唯恐别人以为自己对生活不严肃。

活得累的人就像身上穿着一件厚重的铠甲，既不能活动自如，又不能脱去它，因为它太沉了，压在身上重如千斤。活得累的人就像永远戴着一副面具，这副面容在人前谨小慎微，在人后愁眉苦脸。真是太累了，让人喘不过气来。既然活得累是件很痛苦的事，既然生命对我们来说又是那么宝贵、那么短暂，我们何不换一种活法，活得轻松、幽默一点，努力去感受生活中的阳光，把阴影抛在后头。即使工作任务很重，也要抽出一点时间来放松一下自己，那样会对你的工作更有益处。

林肯的书桌角上总有一本诙谐的书籍放在那里，每当他抑郁烦闷的时候，便翻开来读几页，不但可以解除烦闷，而且还能使疲倦消除。乐观地对待生活，将使你充满自信。美国富翁柯克在五十一岁那年，把财产全部用完了，他只得又去经营、去赚钱。没多久，他果然又赚了许多钱。他的朋友因此很奇怪，问他道：“你的运气为什么总是这样好呢？”柯克回答说：“这不是我的幸运，乃是我的秘诀。”朋友急切地说：“你的秘诀可以说出来让大家听听吗？”柯克笑了：“当然可以，其实也是人人可以做到的事情；我是一个快乐主义者，无论对于什么事情，我从来不抱悲观态度。就是人们对我讥笑、恼怒，我也从不变更我的主意。并且，我还努力让别人快乐。我相信，一个人如果常向着光明和快乐的一面看，一定可以获得成功的。”

是的，乐观、豁达可以使人信心百倍，即使是天大的困难，也能够克服。

多一点幽默感，那将使你觉得生活乐趣无穷。有人说中国人是不会笑的民族，这实在是一种侮辱。中国人性格虽然拘谨一点，但不会拘谨到不会笑的程度。当然了，幽默并不等于笑话，一个油嘴滑舌喜欢说笑话的人并不一定有幽默感，相反，一个性格拘谨的人如果遇事豁达，则必定有不少幽默细胞。做人就应该多培养点幽默感，这是人类的特性之一。人生中有那么多不如意的事，能够有点幽默感，日子岂不好过得多。

笑对人生，万事都能泰然处之。这样，你就能活得轻松多了。

成功了，健康丢了

有这么一道选择题：你最宝贵的东西是什么？答案 A：知识；B：财富；C：健康。毫无疑问，绝大多数的人会选择健康，没有健康的身体做载体，代表精神生活的知识和代表物质生活的财富都无从谈起。

“充沛的体力和精力是成就伟大事业的先决条件，这是一条铁的法则！”虚弱无力、没精打采的人有可能过上高雅的、令人羡慕的生活，但他很难走在人生的前列。

伟大的人物往往有着旺盛的生命力，因而身体中焕发出的生命力量是巨大的。

这种力量就是布瑞汉姆领主连续工作 176 个小时的狂热，就是拿破仑 24 小时不离马鞍的精神，就是富兰克林 70 岁高龄还露营野外的执着。格莱斯顿以 84 岁的高龄还能紧握船舵，每天行走数公里，到了 85 岁时还能砍倒大树，无不依赖于此。站在生命的门槛上，清新、年轻、充满希望，清醒地意识到自己拥有应付一切危机的力量，知道自己是世界的主人，还有什么能比这样的状态更重要呢？

“壮志未酬身先死，长使英雄泪满襟”，这是纪念古代的一位伟大人物诸葛亮的一句话。

诸葛亮是我国三国时期一位足智多谋的政治家、军事家。有许多关于他的传说几乎被神化，成为了“智慧”的代名词。

为了统一天下、结束混乱的局面，诸葛亮“六出祁山”，但终因身体不佳而未能完成统一天下的重任。

我们到处可以看见，某些有作为、有智慧、有才能的青年男女，为不健康的身体所羁绊，壮志未酬。天下最大的失望，莫过于有志而不能酬，感觉到自己有着大量的精神能力，而同时没有充分的体力作为拼搏的后盾；感觉到自己有凌云壮志，却没有充分的力量足以实现它，这是人世间最悲哀的一件事情！

许多人之所以饱尝“壮志未酬”的痛苦，就因为他们不懂得去维持自己身体的健康。

李奋勇是一家银行的计算机专家。2005年初，他被选拔为单位系统开发小组副组长。开发工作任务极其繁重，常常晚上加班到12时左右，平均一天要有十几个小时与计算机相伴而过。越是天热，计算机越“犯脾气”，动不动就死机。人总感觉置身于紧张之中，即使回到家中也不能安下心来。他所负责的那部分工作是核心，所以感觉责任和压力都很大。项目内容总在脑中萦绕，挥之不去，如果不依靠酒力，就难以入眠。有一天在上班途中突然头痛，他以为是感冒了，但此后头痛就频繁发生了。精力也大为减弱，提不起劲儿来。后来在家人的劝说下去医院就诊，被诊断为身心极度疲劳综合征。

于海洋是一家电脑公司技术咨询部门的项目主管。随着互联网的迅速发展，他们所承接的业务急剧增加，完成期限越压越短。他白天在电脑前与顾客商谈，夜里又要编程序，这样持续了一个月左右就撑不住了，先是情绪焦虑、急躁，精神状态极为不好，后来发展到不想跟任何人说话。他还觉得眼睛疲劳难受，眼前似乎总有白色光点一闪一闪的。这些感觉不断加重，他只好去医院就诊，结果被诊断为身心过度疲劳。

21世纪，快节奏的生活方式，已经成为人们身体健康方面的巨大威胁。

当我们满心欢喜享受经济发展带来的舒适生活时，当我们为自己的美好生活和家庭努力打拼时，我们在没完没了应接不暇的劳作、会议、公务、应酬中，拼命在从自己的身体矿藏中索取甚至透支资源。

现在流行这么一句话：四十岁之前用健康换金钱，四十岁之后用金钱换健康！多么形象地描绘啊！如果我们每一个真正地了解了生活的本质时，就不应该再向健康去透支金钱、地位、荣誉了，因为，身体第一，工作第二！健康是我们为之奋斗、赖以生存的一切，成功可以有一千种，但身体只有一个！我们实在没有必要，为了成功去牺牲健康的身体！

正所谓：“留得青山在，不怕没柴烧。”

记住，再多的金钱买不来健康，再大的成功不与健康等值。如果我们能很好地按照科学、文明的生活方式，用健康的卫生知识来充实自己，那么每一天都是成功的人生。

负重而行的人生

一个人觉得生活很沉重，便去见哲人，寻求解脱之法。

哲人给他一个篓子背在肩上，指着一条沙砾路说："你每走一步就捡一块石头扔进去，看看有什么感觉。"

过了一会儿，那人走到了头，哲人问有什么感觉。那人明白了生活越来越沉重的道理。当我们来到世界上时，我们每个人都背着一个空篓子，然而我们每走一步都要从这世界上捡一样东西放进去，所以才有了越走越累的感觉。

于是那人问："有什么办法可以减轻这沉重吗？"

哲人问他："那么你愿意把工作、爱情、家庭、友谊哪一样拿出来呢？"

那人不语。

哲人曾说过：当你感到沉重时，也许应该庆幸自己不是总统，因为他背的篓子比你的大多了，也沉重多了。

人生路坎坷的时日居多，升学、工作、晋级、成家哪一个环节都不可能一帆风顺，大部分时间人在负重而行，领导同事的误会、工作上的摩擦、生活上的不如意都是令人难过的源泉，这时候，人就得有负重而行的心理承受力，否则不够宽容，不够豁达，不会变通，最终会把自己逼入死角。

负重而行当然是一种痛苦，但没有负重就不可能体会无重的轻松惬意，没有负重而行，也就无所谓责任，从而也就无所谓取得成就，当然也就体验不到上了坡后那种如释重负的快感了，没有负重的生命是不完整的生命，没有负过重的人生是不圆满的人生。

每个人都不知道未来怎样。但我们不应该想生活怎样，应该多想想怎样生活。还是维持那颗平常心比较好，平淡的生活同样精彩。在平淡中品味出快乐才是真正的幸福。

人生这么短，何必要让自己在名利之中折腾呢？攀比只会产生烦恼。开奔驰的固然威风潇洒；并肩漫步又另有一番幸福甜蜜。怎么样才是一个完整的家？不是豪华洋房，昂贵花苑；而是两个人共同建筑、共同守护的“城堡”！我们这座城堡，牵着手才能找到，幸福是因为互相依靠。“城堡”的大小不在于它的实际面积，而在于两人心里的感觉。感情这个地基打得越牢固，日久你就会越感到它的“宏伟”。

压力是不可避免的，因此我们应该学会缓解压力，以下建议仅供参考：

第一，要知道自己的目标。只要目标明确了，在行动上就不要发生动摇。人是需要精神支柱的，这个支柱是自己给自己树立的。有了这个心理上的强大动力，任何压力带来的疲惫和痛苦都是微不足道的。

第二，要会衡量自己的能力。知道自己的斤两，知道自己需要什么，能做到什么。无望的追求是空谈，每个人的理想都应该是脚踏实地的，就像吃惯了素菜的人非要去享受牛排，那油汪汪的东西固然很诱人，但真吃到自己肚里，半生不熟的还真消化不了。

第三，要仔细分辨自己的欲望是不是合理的。这个世界到底是有道德标准和行为准则的，随意突破规范是要承担后果的。假如你的欲望是不善良的，是会给自己带来痛苦或给别人带来伤害的，就应该果断摒弃，把这种黑色的欲望压力消灭于无形。

第四，缓解压力要讲究方式方法，要给自己一个健康、美好的心态。世界美丽纷繁，充满了阳光和温情。要懂得去欣赏她、接纳她、追求她。一时的痛苦是过眼云烟，长久的快乐是成熟心态应得到的回报。不要迷失方向、不要为情所困、不要妄自菲薄、不要贪得无厌，好好把握自己手中的幸福，每一分钟都会成为你自己的宝藏。

刘墉先生对人生的解释是：“面对人生的起起落落，人生的恩恩怨怨，却能冷冷静静一一化解，有一天终于顿悟，这就是人生。”

第二章

因为安静，所以心灵就释然了

任何事情在发生的一刹那或许会想不明白，但每当静下心来再想的时候，你就会想通了，人生也是一样，只有你安静下来，沉淀自己，那么，你对以往的事情也就释然了！

释然了，你的心灵就自由了

当你与对方的意见不一致时，你的第一反应往往是对方错了，这也就是你的固执造成了你的偏见。先来看看你是否有下面这几种感觉：

你是不是一味坚持走直路，宁可硬碰硬也不肯跨上通往目的地的那座桥？

在日常生活中，你是一字不漏地遵从专家的命令，按着指令盲目地生活吗？

其实，如果一切都不是你自动自发的，一旦专家忘了发号施令，那么，你的人生也将到此结束！

有一天，东郭先生派了三个弟子到襄阳去。

当东郭先生送他们到路口时，说道："从这儿往南走，全是畅通的大道，你们沿着这条道路走就对了，别走岔路啊！"

这三个弟子分别是左野、焦茗和南宫无忌，他们三个人向南走了五十多里时，却遇上了一条大河流，横在老师指示的正前方。他们左右观察了一下，发现沿河走半里左右，便有一座桥可行。

这时，南宫无忌说："那儿有座桥，我们从那儿过河吧！"

但是，左野这时却皱着眉头说："这怎么行？老师要我们一直往南走啊！我们怎么能走弯路呢？这不过是个水流罢了，没什么可怕的。"

说完之后，三个人互相扶持，一起涉河而过，由于水流相当湍急，好几次他们都险些葬身河底。

虽然全身都湿透了，但也总算安全地过河了，他们继续赶路，又往南走了一百多里时，再次遇上了阻碍。

这回，他们遇到一堵墙，挡住了前进的道路。

这次，南宫无忌不再听其他两个人的意见了，他坚持地说："我们还是绕道走吧！"

但是，左野和焦茗却固执地说："不行，我们要遵循老师的教导，绝不违背，因为我们一定能无往不利。”

于是，焦茗和左野朝着墙面撞去，只听见“碰”的一声，两个人猛烈地弹倒在地上。

南宫无忌恼怒地说：“才多走半里路而已，你们干吗不考虑呢？”

东野说：“不，我就算死在这里也不后悔，与其违背师命而苟且偷生，不如因为遵从师命而死！”

焦茗也附和地说：“我也是，如果违背老师的话，就是背叛者。”

两个人话一说完，便相互搀扶，奋力地往墙面撞了上去，南宫无忌想挡也挡不住，于是他们两个人就这么撞死在墙下了。

在人际交往的过程中，思维不能变通与转弯的人，只会陷在死胡同中，永远找不到自己的出路。

不知变通的人，不仅无法宽容别人，更糟糕的是还会害人又害己。现实生活中的应对进退之道也是如此，若不想让故事中的蠢事发生，那么面对难缠的人的时候就多绕几个圈，别老是钻牛角尖。

别把自己的脑子加上了大锁，多以开放的心来接纳外界的讯息，彼此才能互动，才能激荡出创意的火花。

这个世界上有一种人，不会花言巧语，不懂得运用计谋，只知道直线思考。

很多人表面上说他们单纯、天真，其实内心多半在嘲笑他们是“白痴”，然而，他们真的是白痴吗？真的一无是处吗？难道那些嘲笑他们的人，就真的胜过他们吗？

有这么一个有趣的故事，可以让我们检讨一下，这种不经意就会流露出来的优越感有多么可笑。

某日，一位被众人视为白痴的人对天才说：“你猜，我的牙齿能咬住我的左眼睛吗？”

天才盯着白痴看了几眼，笃定地说：“绝对不可能啊！”

白痴说：“那，我们来打个赌！”

天才认为这绝对是不可能的事，于是同意打赌，但只见白痴将左眼窝里的假眼球取出丢进口中，用上下牙齿咬着。

天才吓了一跳，说道：“没想到，真的可以呀!”

白痴又说：“那你信不信，我的牙齿也能咬住我的右眼睛?”

天才说：“不可能的!”他心想，难道这个家伙两只眼睛都是假的？这绝对不可能，否则他就看不见东西了。

于是，两人再次打赌，只见白痴轻易地把假牙拿下，往右眼一扣。

天才再度吃惊了，说：“没想到，真的可以呀!”

你说，到底谁才是白痴呢？

其实，在这个社会上，对于白痴和天才的定义有很大的雷同之处。

第一，他们的人数不多。

第二，他们都异于常人。

第三，有时候所谓的天才想法，在没试成功之前，其实看来都很白痴；反之，很多白痴单纯执着的举动，最后却能激发出天才的灵感。

所谓天才的想法，有时候因为太过惊世骇俗，超过凡人的想象太多，所以根本无法被接受，甚至遭到排斥，但究竟谁才是真的白痴呢？

无法被人接受的点子，或是被人视为天真、愚蠢的想法，真的毫无用处，只是浪费时间吗？

别把自己的脑子加上了大锁，人类就是需要扬弃自己脑中食古不化的观念，多以开放的心来接纳外界的讯息，才能彼此良好互动，激荡出创意的火花。

保持一颗纯真、无往无染的心，以单纯与开阔的态度来面对生活难题，并不丢脸。

爱自己，就让自己自由

有一些人，因为过去受人欺骗，所以到今天仍旧害怕和人交往，更没有能够宽恕以前欺骗过他们的人。还有一些人，只为了年轻时候曾经受到同学的排斥和奚落，到后来都一直为这种事伤心。更有不幸已经离婚的人，对生命永远感到残缺。也有因为第一次恋爱失败，所以再不肯重入情关。

还有一些人，曾经偷了一些东西，到后来，虽然没有重犯，也一直在惩罚自己。

他们不知道，抓住以往所发生的事情不放，只会令他们更伤痛。过去的已经过去，谁也不能再改变它。如果我们执着于“过去”，不肯释怀，那么我们的思想便离开了“当下”，不再能集中精神，改变生命。

佛说：“苦海无边，回头是岸。”这“回头”指的就是不要执着、要改变。相反的，若是不改变，就只有永远沉沦在苦海之中。

是的，我们很可能自己失足坠海，也很可能被人推跌坠海；坠海本来都不是我们的错，但是，我们如果不设法从海中回到岸上，分明有人想救你你也不听，那就是你的不是了。

人人生命中都有怨恨，但是，怨恨要一个一个地化解，让它消失于无形；千万不能一个一个地堆积起来，而埋葬自己于“怨恨堆”中，愤懑一世。我们要清理我们的思想渣滓，使它不再停留在我们心意中，使我们不快乐。想明白些吧！它其实只是一个垃圾，已经再不能发挥力量来伤害我们，我们应该一脚把它踢走，抛得远远的，永远忘记它才对。

先哲说过：“一切的回忆都有毒，不论这回忆是痛苦还是甜蜜。”人可以“记忆”，而不必“回忆”。如果我们能放开对过去的回忆，我们就生活在“当下”，可以享受生命，开创美好的将来。

莉莎和男朋友分手了，处在情绪低落中，从他告诉她应该停止见面的一刻起，莉莎就觉得自己整个被毁了。她吃不下睡不着，工作时注意力集中不起来。

人一下消瘦了许多，有些人甚至认不出莉莎来。一个月过后，莉莎还是不能接受和男朋友的关系已经结束这一事实。

一天她坐在教堂前院子的椅子上，漫无边际地胡思乱想着。不知什么时候，身边来了一位先生。他从衣袋里拿出一个小纸口袋开始喂鸽子。成群的鸽子围着他，啄食着他撒出来的面包屑，很快飞来了上百只鸽子。他转身向莉莎打招呼，并问她喜不喜欢鸽子。莉莎耸耸肩说：“不是特别喜欢。”他微笑着告诉莉莎：“当我是个小男孩的时候，我们村里有一个饲养鸽子的男人。那个男人为自己拥有鸽子感到骄傲。但我实在不懂，如果他真爱鸽子，为什么把它们关进笼子，使它们不能展翅飞翔，所以我问了他。他说：‘如果不把鸽子关进笼子，它们可能会飞走，离开我。’但是我还是想不通，你怎么可能一边爱鸽子，一边却把它们关在笼子里，阻止它们要飞的愿望呢？”

莉莎有一种强烈的感觉，老先生在试图通过讲故事，给她讲一个道理。虽然他并不知道莉莎当时的状态，但他讲的故事和莉莎的情况太接近了。莉莎曾经强迫男朋友回到自己身边。她总认为只要他回到自己身边，就一切都会好起来的。但那也许不是爱，只是害怕寂寞罢了。

老先生转过身去继续喂鸽子。莉莎默默地想了一会儿。然后伤心地对他说：“有时候要放弃自己心爱的人是很难的。”他点了点头，但是，他说：“如果你不能给你所爱的人自由，你并不是真正地爱他。”

这是一个发人深省的道理——爱是不能勉强的。我们应该给予自己所爱的人自由，不然我们并不比那个饲养鸽子的人好多少。如果我们爱什么人，应该给他自由。让他们自由地决定任何事情，自由自在地按照他们自己的意愿去生活，而不要把自己的愿望强加给他们。放走自己所爱的人通常不那么容易，但实际上你也没有其他路好走。即便你一时勉强地把他留下，最终自食恶果的还会是你。你将得到更深的痛苦，更多的悲伤。

人类天性需要一个空间。在坏情绪中人们也需要自由，不然很快他们会感到被禁锢起来了。当我们纠缠自己的内心时，我们会使自己感到难以呼吸。通常我们这样做是出于想不开，缺乏自信或是害怕孤单，而不是解放自己。

如果你爱自己，应该给自己自由。

不想占有，就不会有坎坷

从前，一个想发财的人得到了一张藏宝图，上面标明了在密林深处的一连串宝藏。他立即准备好了一切旅行用具，特别是他还找出了四五个大袋子用来装宝物。一切就绪后，他进入了那片密林。他斩断了挡路的荆棘，淌过了小溪，冒险冲过了沼泽地，终于找到了第一个宝藏，满屋的金币熠熠夺目。他急忙掏出袋子，把所有的金币装进了口袋。离开这一宝藏时，他看到了门上的一行字："知足常乐，适可而止。"

他笑了笑，心想，有谁会丢下这闪光的金币呢？于是，他没留下一枚金币，扛着大袋子来到了第二个宝藏，出现在眼前的是成堆的金条。他见状，兴奋得不得了，依旧把所有的金条放进了袋子，当他拿起最后一条时，上面刻着："放弃了下一个屋子中的宝物，你会得到更宝贵的东西。"

他看了这一行字后，更迫不及待地走进了第三个宝藏，里面有一块磐石般大小的钻石。他发红的眼睛中泛着亮光，贪婪的双手抬起了这块钻石，放入了袋子中。他发现，这块钻石下面有一扇小门，心想，下面一定有更多的东西。于是，他毫不迟疑地打开门，跳了下去，谁知，等着他的不是金银财宝，而是一片流沙。他在流沙中不停地挣扎着，可是越挣扎他陷得越深，最终与金币、金条和钻石一起长埋在了流沙下。

如果这个人能在看了警示后离开的话，能在跳下去之前多想想，那么他就会平安地返回，成为一个真正的富翁了。放弃，从某种意义上来讲，给了自己一个生存的空间，给了自己一条走向成功的道路……

谁说喜欢一样东西就一定要得到它。有时候，有些人，为了得到他喜欢的东西，殚精竭虑，费尽心机，更有甚者可能会不择手段，以致走向极端。也许他得到了他喜欢的东西，但是在他追逐的过程中，失去的东西也是无法计算，他付出的代价是其得到的东西所无法弥补的。其实，喜欢一样东西，不一定要得到它。因为有时候为了强求一样东西而令自己的身心都疲惫不堪，是很不划算的。有些东西是“只可远观而不可近瞧的”，一旦你得到了它，日子一久你可能会发现其实它并不如原本想象中的那么好。如果你再发现你失去的和放弃的东西更珍贵的时候，我想你一定会懊恼不已。常有这样的一句话“得不到的东西永远是最好的”。所以当你喜欢一样东西时，得到它并不是你最明智的选择。

不想占有就不会太坎坷，所以，无论是喜欢一样东西也好，喜欢一个位置也罢，与其让自己负累，不如放轻松地面对，即使有一天放弃或者离开，你也学会了平静。

五味瓶的生活，才是真生活

记得有人说过这样的话：“没有遗憾的人生才最遗憾。”确实，假如没有“惆怅阶前红牡丹，晚来唯有几枝残”的遗憾，怎么会有古人夜里秉烛赏花的美。所以，很多时候，我们总是埋怨美梦不能成真。却不知，倘若什么梦想都能轻易地实现，也就无所谓美梦了。这是一种遗憾的美，一种让人想起仍觉甘甜，忆起犹觉美妙的美。

“尺之木必有节，寸之玉必有瑕。”那个故事很耐人寻味——有个渔夫从海里捞到一颗晶莹圆润的大珍珠。为了去掉珍珠上的小黑点，他层层将黑点剥去，最后黑点没有了，珍珠也不复存在了。看完故事，也许，此时你正同我一样在为那颗珍珠的不复存在而感到惋惜；同我一样想要告诉那个渔夫：缺憾也是美！

“人有悲欢离合，月有阴晴圆缺，此事古难全。”自古就有人明白这个道理。你可知道我们应该感谢缺憾？有了悲欢离合，人们才会懂得去珍惜现在所拥有的；有了阴晴圆缺，月儿才能更加妩媚动人。娇艳的花儿必要有丑陋的根；美丽的蝴蝶定是由讨厌的毛毛虫变化而来。十全十美的东西是不存在的，而缺憾也是美！

往往，存在缺憾的东西并不比看似完美的东西差。瞧——美，可以在金碧辉煌的宫殿中，也可以在炸毁的大桥旁；美，可以在芳香扑鼻的鲜花上，也可以在风中跳动的烛光中；美，可以在超凡脱俗的维纳斯的雕像上，也可以在平凡少女的笑脸里。

前几天看电视《精卫填海》大结局，炎帝女儿精卫化成了青鸟，她已忘记了前尘往事，对后羿深情的呼唤，置若罔闻，但是她没有忘记自己的职责，不停地衔着石子投向大海。虽然只是电视剧，但是这种凄美的场景还是让我潸然泪下。

小说里的那些英雄们更大多如此，《天龙八部》中的大英雄乔峰，他身怀绝技，有那么多支持者，而且他也是当之无愧的英雄，然而他的女友却被他误杀，到了最后他还不是落得和自己本国决裂，且要自杀谢罪的下场；《神雕侠侣》中的杨过相貌和功夫自不必说，可他偏偏少了一只臂膀，虽然他和小龙女最后有一个完美的结局，可是他失去的却永远也找不回来了；还有《射雕英雄传》中的黄老邪，虽然有个宝贝女儿黄容聪明得要死，可他的妻子还不是因为帮他死记那本破《九阴真经》而死于劳累吗？

难道天底下的美都要有缺憾？为什么当西施拥有了美貌就要注定成为用来当作国王复国的牺牲品呢？而当他复国后还不是给西施一个祸国的罪名，要她死在了淮水边？她的痛苦又有谁知道，难道她不想过好日子吗？可是就因为她太美了，那就是罪；为什么当唐太宗娶了杨玉环之后就会有人背叛他，到了最后却要杨贵妃自杀来帮助他完成最后的霸业，难道美就有罪，难道别人有美女就是过错，难道在天底下就没有一种美是不带伤感气氛的？可能就是因为缺憾本身就是一种美，这也正是我要说的缺憾之美，是它让世界上所有的事情变得更加的有味道，让世界如此美妙！

其实人生在世，不如意事十有八九，月有阴晴圆缺，人有悲欢离合。能修成正果皆大欢喜，如果不能，当然会有遗憾。但用心体会，你会发现残缺也有其独特的美——缺憾之美。

断瓦残垣固然没有富丽堂皇的故宫那么让人目不暇接，也没有设计精美的苏州园林让人流连忘返，但是因其独有韵味，也不失一种美。

万事万物，难有十全十美。相爱的人不能长相厮守，当然是一大憾事，但正因为有了这距离，才能把彼此永放心间，永远在对方心中留下最美丽的记忆。

当然，在品味这种缺憾之美时，苦甜参半，这是一种凄凉的美。只有品尝过的人，才知道其中的个中滋味，喜忧参半，刻骨铭心，永世不忘！

先舍弃才有“大得”

“舍得”两个字组合在一起，体现了中国人的智慧。大舍大得，小舍小得，不舍得，舍不得，最终得不到。人生就是这样，有舍有得，有得必有失。

舍得，舍得，需先“舍”而后才会有所“得”，确是至理名言。

他追求她已有五年之久。但她一直都没有接受他的追求，还对他很冷漠。冷漠的她并没有改变他那执着的心。

他在别人面前总是那样的好胜，但他在她面前却是那样的低声下气委曲求全。他的朋友总是对他说你与她是不可能的，因为她根本就不喜欢你，你再这样下去也没有用，只会自找苦吃。他心想自己难道就不知道是不可能的吗？但是他放不下，他为她付出了五年的光阴，他觉得这样做不值，就这样他对她一直纠缠不清。

他觉得很累，他想到农村乡下走走好散散心。他在农田中看到一位老人家在锄一片瓜苗，他觉得好奇，那个老人家为什么要锄掉那么好的一片瓜苗，他上前去问那位老人家。问为什么那么好的瓜苗要锄掉，它们还在结小瓜，他没想到老人家却说出如此的话来，老人家说：“瓜苗再好也没有用呀，我也知道它们还在结小瓜呀，但是现在它已经过了这个季节了，锄掉它们好让新的菜苗种上去呀！如果舍不得这些的话，过了这个季节那就什么都迟了。

有时候看到眼前这些东西而不懂舍去的话，那失去的却是更多呀！舍去眼前的，而会得到更多的机会，他这时才明白这一切。为什么连一个农村的老人家都知道这得与舍的利害关系，而自己却不知道呢！

于是，他回到他工作的城市，手机也换了号码，一切都从新来过。他放弃了她，回头看到自己走过的一路才发现原来自己已经失去了很多很多。接着他开始投入了全新的生活，工作有了起色，也遇到了爱他的姑娘，并结婚生子，过上了幸福的生活。

如果他还死死抓住原来那个姑娘不放的话，我想大多数人也都能知道结果，即使勉强修成正果，他的生活也不会幸福，因为那个姑娘不爱他。

是呀，我们的每一步跳跃或者改变，可能并不是人们心目中完美的，都存在一定的风险，但我们不能太在乎那些世俗的衡量标准，而更要看重自己内心到底想要什么。

记得以前曾听说过一个故事，一个中国留学生初到美国时，只能靠在街头卖艺生存，那时有一个最赚钱的地盘——一家银行的门口，和他一起拉琴的还有一个黑人琴手，他们配合得很好。后来这个留学生用卖艺的钱进入大学进修。十年后，留学生成了国际上知名的音乐家。一次，他发现那位黑人琴手还在那家银行门前拉琴，就过去问候，那位黑人琴手开口便说："嘿，伙计，你现在在哪个地盘拉琴?"

是啊，人，必须懂得及时抽身，离开那些看似最有利可图却不能再进步的地方；人，必须鼓起勇气，善于取舍，才能开创出生命的另一个高峰。

生活中也确实有我们太多的舍不得。爱情、家庭、幸福、财富，哪一样想舍掉呢?最想舍掉什么——贫困、疾病、痛苦等等；最想得到什么——金钱、爱情、快乐等等，但命运弄人，有时候我们想得到的得不到，不想要的却偏偏来，人生无常呀!

舍和得，祸与福，都有转圜的方法和途径。舍弃恶习、名利、贪念，舍弃生活中我们苦苦追求本不该属于自己的那些东西，就能够得到更多的快乐、自由和安宁。不容易做到呀，这需要我们的悟性、智慧和苦修。

"舍得"两个字组合在一起，体现了中国人的智慧。大舍大得，小舍小得，不舍得，舍不得，最终得不到。人生就是这样，有舍有得，有得必有失。鱼与熊掌不可兼得，选择鱼还是熊掌，并不是兼得才是最完美的结果，就看你自己的智慧了。

人生在世当从容，奋力前行

从容超脱是一种处世哲学，而且是一种很好的、很受用的处世哲学。

从容超脱是最好的活法，不抱怨，不叹息，不堕落，只管奋力前行，只管走属于自己的路。中国有句俗话叫作“谋事在人，成事在天”，而这种“成事在天”便是一种从容超脱。只要自己努力了，问心无愧便知足了，不奢望太多，也不失望。

邓小平一生三落三起，历经坎坷，却活到90多岁，他的养生之道，堪称楷模。

开朗乐观，胸怀广阔，是他的健康法宝。早在1933年，他被第一次打倒时，被派到农村，他却若无其事，照样有说有笑，有人替他惋惜时，他则大度地说：“革命哪能一帆风顺呢？”1969年他成为全国第二号“走资派”，被发配到江西劳动改造，骨肉分离，吉凶未卜，可他没有忧伤，没有牢骚，泰然处之。他有一句名言：“天塌下来，有高个顶着。”

他很善于以幽默风趣的言谈，来调节自己的心态。“文革”后期，他复出后，不怕再次被打倒，幽默地说：我是维吾尔族姑娘，“头上辫子多”，不怕人家“抓辫子”，借以打消那些心有余悸的干部们的顾虑。

邓小平又是一个心态平和、平易近人的人，这是他健康长寿的主要原因。战争年代，他就善于深入基层，和战士同甘共苦。有一次，全体战士到后山背粮食，他也要去，大家就说：“邓主任，你那么忙，就别去了。”可邓小平却说：“命令是我下的，我能不带头执行？要吃饭，就得干……”

从容超脱不是随波逐流，放任自流，而是应该坚持正常地学习和生活，做自己应该做的事情，而是弄明白自己的人生方向后踏实地顺着这条路走下去。有人曾经问游泳教练：“在大江大河中遇到旋涡怎么办？”教练答道：“不要害怕。只要沉住气，顺着旋涡的自转方向奋力游出便可转危为安。”从容超脱也是如此，它不是“逆流而动”，也不是“无所作为”，而是朝着正确的方向去奋斗。

从容超脱不是宿命论，而是在遵守自然规律的前提下积极探索；从容超脱不是不作为，而是有所为，有所不为。

卸下你的包袱，踽踽而行

在生命的长河中，谁也不会一帆风顺。

一位泰国企业家玩腻了股票，他转而炒房地产，他把自己所有的积蓄和从银行提到的大笔资金投了进去，在曼谷市郊盖了15栋配有高尔夫球场的豪华别墅。但时运不济，他的别墅刚刚盖好，亚洲金融风暴出现了，他的别墅卖不出去，贷款还不起，这位企业家只能眼睁睁地看着别墅被银行没收，连自己住的房子也被拿去抵押，还欠了相当一笔债务。

这位企业家的情绪一时低落到了极点，他怎么也没想到对做生意一向轻车熟路的自己会陷入这种困境。

让人敬佩的是，他并没有因此而消沉，他决定重新白手起家。他的太太是做三明治的能手，她建议丈夫去街上叫卖三明治，企业家经过一番思索答应了。从此曼谷街头就多了一个头戴小白帽、胸前挂着售货箱的小贩。

昔日亿万富翁沿街卖三明治的消息不胫而走，买三明治的人骤然增多，有的顾客出于好奇，有的出于同情。许多人吃了这位企业家的三明治后，为这种三明治的独特口味所吸引，经常买企业家的三明治，回头客不断增多。现在这位泰国企业家的三明治生意越做越大，他慢慢地走出了人生的低谷。

他叫施利华，几年来，他以自己不屈的奋斗精神赢得了人们的尊重。在1998年泰国《民族报》评选的“泰国十大杰出企业家”中他名列榜首。

作为一个创造过非凡业绩的企业家，施利华曾经备受人们关注，在他事业的鼎盛期，不要说自己亲自上街叫卖，寻常人想见一见他，恐怕也得反复预约。上街卖三明治不是一件怎样惊天动地的大事，但对于发号施令惯了的施利华，无疑需要极大的勇气。

人的一生会碰上许多挡路的石头，这些石头有的是别人放的，比如金融危机、贫穷、灾祸、失业，它们成为石头并不以你的意志为转移；有些是自己放的，比如名誉、面子、地位、身份等，它们完全取决于一个人的心性。也可以说，我们放下肩上的包袱很容易。因为放下就会感觉到全身轻松。难就难在我们能否放下心灵的包袱。

宠辱不惊，去留无意

提起羞辱，是每一个人都不想遇到的，但是看那些成大事业者的人，却往往都是从屈辱中走过来的。这里，我们并不是在宣扬羞辱的经历是一个人成功的元素，我们要说的是，如果你不幸遭遇到了羞辱的事情，那么不要觉得难堪，不要觉得抬不起头，事实上，要乐观地面对人生：羞辱可以锻炼韧性，可以成就强者。

忍辱负重，从而完成《史记》的司马迁就是一个值得后人敬重的英雄。

司马迁的父亲在临死之间嘱咐其子一定要完成《史记》的撰写。不过当司马迁全身心地撰写史记之时，却遭受了巨大的磨难。天汉二年，武帝派李陵随从李广押运辎重。结果李广遇难，李陵被俘。消息传到长安后，武帝听说自己的战将投降，非常生气。满朝文武都顺从武帝的想法，纷纷指责李陵的罪过。而司马迁直言进谏，说李陵寡不敌众，没有救兵，责任不全在李陵身上，极力为其辩护。然而他的直言不讳，引起了龙颜大怒。司马迁因此被打入大牢。

司马迁被关进监狱以后，遭受酷吏的严刑拷打。面对各种肉体和精神上的残酷折磨，他始终不屈服，也不认罪。后来司马迁被判以腐刑。当时，这种腐刑既残酷地摧残人体和精神，也极大地侮辱人格。

当时的司马迁甚至想到了一死，不过后来他想到了父亲遗留给他的使命，想到了孔子、左丘明、孙膑等人所受的屈辱，他们顽强的毅力，还有他们在历史上所留下的成绩都大大鼓舞了司马迁。他立誓无论发生什么样的屈辱，也要把《史记》完成。

征和二年，司马迁终于完成了基本的编撰工作。

司马迁用他的生命谱写的不仅仅是一本旷世的历史著作，更是人类史上一本永存的生命赞歌。

苏东坡一生多次被贬，甚至坐过大牢，差点将小命丢掉。然而，他对自己遭遇的荣辱很豁达，这与他得益于祥的领悟不无关系。自他修禅开悟之后，沉浮不伤其情，苦乐不动其心。他在连连遭贬之时，还是那么超然洒脱："心似已灰之木，身如不系之舟。问汝平生功业，黄州惠州儋州。"

东坡被发配到惠州时，结识了禅友刘世安。刘世安知道他与丛林之中那些著名的禅师多有来往，就请他接引，也想结识一些精通佛法、功行深厚的禅师，以便随时请教。一天雨后，东坡居士前来邀请刘世安，说是共同去参谒"玉板"禅师。东坡还说，"玉板"禅师不但善于演示佛法真谛，而且能拯救人的性命。

刘世安听他说得神乎其神，就乐颠颠地跟随他来到城外的一座寺院。然而，东坡既不进讲经说禅的法堂，也不到高僧居住的方丈，而是将他带到了寺院后面的竹林之中。春雨过后，正是竹笋破土时。东坡采来鲜嫩的春笋，剖成薄片，在火上烧着吃。

刘世安从未吃过如此美味，便向有美食家之称的东坡请教这道佳肴的名称。东坡大笑，指着颜色像美玉一样温润、质地像玉石一样细腻的笋片说："此名玉板。此老不但将自然法则演示得惟妙惟肖、生动活泼，而且能解馋充饥。",

这时，刘世安才知道，东坡所说的"玉板"禅师，即是鲜嫩的竹笋。

东坡见他不解其中奥妙，面露失望之色，便以诗意说禅机，吟诵道：

丛林真百丈，法嗣有横枝。
不怕石头路，来参玉板师。
聊凭柏树子，与问箨龙儿。
瓦砾犹能说，此君那不知？

说闲话的人，无需计较

我们身边有许多“说闲话的人”，这些人的特征是到处闲扯，传播一些无聊的、特别是涉及他人的隐私的谎言，在背后对他人品头论足。虽说古人早有“谣言止于智者”的忠告，但智者毕竟很少，谣言总是会被传来传去。

大华每天上班都会听到这样的议论：

“哎呀！大华，你的皮肤这么水灵，是不是搽脂抹粉了？”

“你看人家大华，要长相有长相，要身高有身高，说起话来斯斯文文，难怪他走到哪都有女孩子追他，抢手货呀！”

“我们单位进来的人都需要有点关系，大华，你认识哪条藤上的人？透露点内幕好让我们也找个投标的对象啊。”

如果是别人，早就和他们较上劲了。可是大华落落大方，毫不生气，有的人觉得他是否还有做人的尊严，怎么可以让人信口雌黄呢？终于有一位同事憋不住问他：“他们这么说你，你个大男人一点也不觉得这是在侮辱你吗？你至少也要回敬他们几句，灭灭他们的气焰。如果你一味忍让，往后还怎么做人呢？”

可是，大华却说：“何必发火呢？人家不过随便说说而已。”

“那你就忍气吞声？”

“谈不上忍气吞声，况且我不想因为生气而受到伤害。”

大华说他的做人哲学是：莫生气。“只有莫生气自己才能避免受到伤害。你如果把玩笑当真，大吵大闹地争一个一清二白，不但伤了彼此之间的和气，还伤了自己的元气，到头来闷闷不乐，一肚子的闲气还不是自己受用、自己倒霉吗？何必呢！再说，那些玩笑话要么含沙射影，要么卖弄唇舌，都有些挑衅的味道，你若沉不住气，上了当，到头来还不是让别人看笑话吗？一个巴掌拍不响，你不理他们，他们倒觉得没趣，对不对？”

大千世界，人海茫茫，相识本来是缘分，相处更当为善。不要因为小事就和别人生气，纠缠于口舌之争。每个人在生活中都难免遇到不公正的待遇，无礼貌的攻击。这时，你就要尽量克制自己，做到不计较别人的毁誉。

黄炎培曾经现身说法："人家的毁誉，不必计较。我小时因为穷，为别人鄙视，屡向人家求婚而被拒绝，直到第六家我已故的王夫人家，先岳父王筱云先生赏识我的文章和楷书，才成全我的婚事。不久在科举场中，我露了头角，贺者盈门，都说早就看出此儿不凡。及后参加革命，遭逮捕，险被杀头，立时声誉骤落，大家又看不起此儿了。适避难归来，稍利事业，乃又受称誉。吾乃大悟，做人做事要时刻力求上进。犹如逆水游鱼，至为艰苦。"

一个人的"名声"往往容易毁于"人言"，常言说的"人言可畏"就是这个道理。黄炎培主张用"不必计较"来对待毁坏人名声的"人言"，要求人们不必把个人的名声看得过重。没有事实根据的"人言"总是"腿短"的，不会长久站住脚，毁人名声的人也许得逞于一时，但不久定会败露。一个人的品行是有目共睹的，它最有说服力。

时时勤拂拭，勿使惹尘埃

英国诗人威廉·费德说过："舒畅的心情是自己给予的，不要天真地去奢望别人的赏赐。舒畅的心情是自己创造的，不要可怜地乞求别人的施舍。"

南宋僧人也曾作一偈："身是菩提树，心如明镜台。时时勤拂拭，勿使惹尘埃。"心如明镜，纤毫毕现，洞若观火，那身无疑就是"菩提"了。但前提是"时时勤拂拭"，否则，尘埃厚厚，似茧封裹，心定不会澄碧，眼定不会明亮了。

一个人，在尘世间走得太久了，心灵无可避免地会沾染上尘埃，使原来洁净的心灵受到污染和蒙蔽。心理学家曾说过："人是最会制造垃圾污染自己的动物之一。"的确，清洁工每天早上都要清理人们制造的成堆的垃圾，这些有形的垃圾容易清理，而人们内心中诸如烦恼、欲望、忧愁、痛苦等无形的垃圾却不那么容易处理了。因为，这些真正的垃圾常被人们忽视，或者，出于种种的担心与阻碍不愿去扫。譬如，太忙、太累；或者担心扫完之后，必须面对一个未知的开始，而你又不确定哪些是你想要的。万一现在丢掉的，将来想要时却又捡不回来，怎么办？

的确，清扫心灵不像日常生活中扫地那样简单，它充满着心灵的挣扎与奋斗。不过，你可以告诉自己：每天扫一点，每一次的清扫，并不表示这就是最后一次。而且，没有人规定你一次必须扫完。但你至少要经常清扫，及时丢弃或扫掉拖累你心灵的东西。

每个人都有扫心地的任务，对于这一点，古代的圣者先贤看得很清楚。圣者认为，"无欲之谓圣，寡欲之谓贤，多欲之谓凡，得欲之谓狂"。圣人之所以为圣人，就在于他心灵的纯净和一尘不染，凡人之以是凡人，就在于他心中的杂念太多，而他自己还蒙昧不知。所以，圣人了悟生死，看透名利，继而清除心中的杂质，让自己纯净的心灵重新显现。

我们都有清理打扫房间的体会吧，每当整理完好自己最爱的书籍、资料、照片、唱片、影碟、画册、衣物后，你会发现：房间原来这么大，这么清亮明朗！

自己的家更可爱了！

其实，心灵的房间也是如此，如果不把污染心灵的废物一块一块清除，势必会造成心灵垃圾成堆，而原来纯净无污染的内心世界，亦将变成满池污水，让你变得更贪婪、更腐朽、更不可救药。

人的一生，就像一趟旅行，沿途中有数不尽的坎坷泥泞，但也有看不完的春花秋月。如果我们的一颗心总是被灰暗的风尘所覆盖，干涸了心泉、黯淡了目光、失去了生机、丧失了斗志，我们的人生轨迹岂能美好？而如果我们能“时时勤拂拭”，勤于清扫自己的“心地”，勤于掸净自己的灵魂，我们也一定会有“山重水复疑无路，柳暗花明又一村”的那一天。

放飞心灵，像风筝一样

在人来人往的世界里，你可曾拥有快乐自在？在你争我夺的国度里，你是否依旧怡然自得？在尘世喧嚣中，你的心灵是否压抑得太久了？

不要苦了自己的心灵，让它放飞吧，让它同风筝一样在自由的国度里想怎样飞就怎样飞吧！

朋友，如果你愿意，就请同我一起来这里，放飞心灵的风筝吧。

这里是一片澄碧的天空，你瞧，天空如此地分明，白与蓝协调地搭配成一片美丽的风景。近处是深蓝色，很清纯；远处是淡蓝色，很淡雅。美丽的云朵很俏皮，一会儿靠近我们的风筝说悄悄话，一会儿又跑得远远的，把风筝抛在后面。

风筝放飞的是我们的心情。久居高楼中压抑的心情终于能在空中自由地劲舞，恣意享受着驰骋的快乐。感受着温暖的风伴着漂亮的风筝扶摇上升，快乐就犹如七彩烟花在空中绽放，透明的心境也随之在蓝色的天空尽情闪烁。朋友，我们好惬意，不是吗？

风筝放飞的是我们的梦想。在钢筋混凝土筑成的空间里，我们被搁置已久的梦想，终于能同心情一块上路了。让它飞吧，自由自在地飞吧！脚踏茵茵青草，头顶湛蓝天空，梦想怎能不飞呢？

风筝放飞了我们的情感。在这样风和日丽的日子，且让我们把美丽的情愫系于风筝之线，让它在广阔深情的天空下洗礼得更加圣洁。

放飞一只心灵的风筝，让它在美丽的蓝天下尽情飞翔，让美丽的天空不再空荡；放飞一只心灵的风筝，让它在湛蓝的天空里愉快欢唱，让我们的世界不再孤寂；放飞一只心灵的风筝，让它在心灵的城堡里快乐尽舞，让我们的生活不再烦闷枯燥。

给自己放个假，其实没那么辛苦

第二次世界大战期间，邱吉尔新到北非蒙哥马利将军行辕去闲谈时，蒙哥马利将军说："我不喝酒，不抽烟，到晚上十点钟准时睡觉，所以我现在还是百分之百的健康。"邱却说："我刚巧跟你相反，既抽烟，又喝酒，而且从不准时睡觉，但我现在却是百分之二百的健康。"很多人都认为怪事，以邱吉尔这样一位身负第二次世界大战重任，工作繁忙紧张的政治家，生活这样没有规律，何以寿登大耄，而且还百分之二百的健康呢？

其实，只要稍加留意就可知道，他健康的关键，全在有恒的锻炼，轻松的心情。毫无疑问，邱吉尔既抽烟，又喝酒，且不准时睡觉，这些并不足为训。但是我们是否知道，邱吉尔即使在战事最紧张的周末还去游泳，在选战白热化的时候还去垂钓，而且他刚一下台就去画画，估计很多人也没见他那微皱起的嘴边上，斜插着一支雪茄的轻松心情吧！

因此，我们不妨学着邱吉尔那样给自己的心情放个假吧！也许我们不可能完全做到邱吉尔的完美，但是我们只要学到一半，就可以得到百分之百的健康。

在现实生活中，使自己的心情轻松的第一要诀是"知止"。"知止"于是而心定，定而后能静，静而后能安，心情还有什么不轻松的呢？

使心情轻松的第二要诀是"谋定而后动"。做任何事情，要先有周密的安排，安排既定，然后按部就班地去做，能应付自如，不会既忙且乱了。在这瞬息万变的社会里，当然免不了也会出现偶发的事件，此时更要沉住气，详细而镇定地安排。事事要谋定而后动，就一定能像中国史书中的谢安那样在淝水之战最紧张的时刻还能有闲情逸致下棋了。

使心情轻松的第三要诀是不做不胜任的事情。假如我们身兼数职，却顾此失彼，又有何快乐可言呢？或者用非所长，心有余而力不足，心情又怎么会轻松呢？

使心情轻松的第四要诀是"拿得起，放得下"。对任何事情都不可一天 24 个小时地念念不忘，寝于斯，食于斯。否则，不仅于身有害，而且于事无补。

使心情轻松的第五要诀是在轻松的心情下工作。工作尽可紧张，但心情仍须轻松。在你肩负重担的时候，千万记住要哼几句轻松的歌曲。在你写文章写累了的时候，不妨高歌一曲。要知道心情越紧张，工作越做不好。

一个口吃的人，在悠闲自在地唱歌时决不会口吃；十个上台演讲就脸红的人，在与爱人谈心时一定会娓娓动听。要想身体好，工作好，就一定要在轻松的心情下工作。

使心情轻松的第六要道是多留出一些富裕的时间。好多使我们心情紧张的事，都因为时间短促，怕耽误事。若每一样事都多打出些时间来，就会不慌不忙，从容不迫了。最好的办法就是永把自用表拨快一个相当的时间。时时刻刻用表面上的时间警惕自己，如此则既不误事，又可轻松。

一个心情经常轻松的人沾枕头就睡着。一个心情经常紧张的人容易失眠。一个永远从容不迫的人准能长寿。一个紧锁眉头的经常紧张的人定会早亡。给心情放个假，你便会时时感到快乐，无忧无虑。

有所为，有所不为

乐天法师一百多岁了身体还特别健康，耳不聋，眼不花，牙齿还完好无损，总是红光满面，一副乐呵呵的样子，给人一种气定神闲的感觉。

有一位生命学专家想从法师这里得到一种长寿秘籍，就专门来寻访乐天法师。

第一次寻访时，乐天法师说："没有什么秘诀啊，连我也没弄明白，我为何如此长寿的。"

几年过后，生命学专家不甘心，再次拜访乐天法师。

第二次拜访时，乐天法师说："我知道为什么了，但是，天机不可泄漏。"

又是几年过去了，乐天法师的身体依然强健，一点也看不出老了，就像进入了时光隧道。

生命学专家再次来拜访，他对乐天法师说，他对生命的探讨，不是为了个人，而是为了全人类。

这次，老法师终于说出了他的长寿之道，他不无遗憾地说："我从60来岁就盼着圆寂，视圆寂为佛家的最高境界、最大快乐。可是，我的修行一直不够，一直未能实现早日圆寂的最大夙愿……这，也许就是你要探讨的长寿的奥秘？"

的确，正是视死如归、恬淡平和的心态，让老法师早早卸下了生命和心灵的重负，一直生活在别样的期待和无所畏惧的轻松愉快之中。生命之树在心灵的沃野上，便一发而不可收地膨胀着年轮。

从容超脱不是随波逐流，放任自流，而是应该坚持正常地学习和生活，做自己应该做的事情，而是弄明白自己的人生方向后踏实地顺着这条路走下去。有人曾经问游泳教练："在大江大河中遇到旋涡怎么办？"教练答道："不要害怕。只要沉住气，顺着旋涡的自转方向奋力游出便可转危为安。"从容超脱也是如此，它不是"逆流而动"，也不是"无所作为"，而是朝着正确的方向去奋斗。

从容超脱不是宿命论，而是在遵守自然规律的前提下积极探索；从容超脱不是不作为，而是有所为，有所不为。

第四章

安静向暖，莫让烦恼过夜成殇

人的苦恼，不在于获得多少、拥有多少，而是想得到更多，而人的快乐，不是因为他拥有得多，而是因为他计较得少。静下心来仔细想想，任何事都有一个度，超过这个度，很多事就可能变得极其荒谬。因为得不到的而苦苦折磨自己，只能用一个字给其定论，那就是『累』。为什么要跟自己过不去呢？要知道，怎么过都是一天，我们为何不开心度过每一天呢？

一切琐事，皆源于心

大家都热爱自己的工作吗？工作累吗？即使累，也幸福吗？如果是自己的选择，如果真心喜欢自己的工作，那么再苦再累也是值得的。上帝对每一个人都是公平的，只要你愿意在正确的方向上付出，只要你愿意坚持，总有一天会有属于自己的收获。

有这样一个家庭，家中的生活一向很拮据，尽管一家六口已千俭万节了，可父母双方微薄的工资才仅仅够糊口，但他们却很乐观，时常鼓励儿女："孩子们，迎着困难走下去，我们总有办法的。别忘了，我们还有那只玉镯呢。"那是爷爷奶奶的唯一的遗产，孩子们没见过，但妈妈说那可是件价值连城的老古董呢，必须在万不得已的情况下才可以用。这给儿女们增添了不少信心：毕竟他们还有个依靠。

每到月初，精打细算的母亲便把那叠不多的钱细心地分成一小叠一小叠：这是本月的水费，那是伙食费……最后只剩一两个可怜的捆儿。但是有一个月，母亲手头的钱怎么分也不够用，因为最小的妹妹也要上学了。父母锁紧了眉头，这钱是如何都周转不过来了。一家人沉默不语。姐姐打破沉默，小声说："妈，卖掉那玉镯吧。"仍是一片沉默。只见做父亲的掏出自己的一份钱说："我戒烟吧。"母亲眼里透出了一丝感激，接着，读大学的哥哥也退还自己的一份："我明天就去找个兼职。"于是左减右删，他们还是保住了那生活的唯一依靠。

此后，这个家庭常遇到生活上的困难，但父母总是说："没到万不得已的时候，决不动用玉镯。"而兄妹们也不再为艰难的生活而恐惧，他们心里和爸妈一样踏实而有信心：毕竟我们还有个玉镯呢。

直到哥哥姐姐出来工作后，他们再也不用吞咽生活的苦水。母亲打开了那只"宝盒"，令他们万分惊讶的是，里面空无一物。儿女们霎时明白了爸妈的用心。多年来，鼓励他们闯过一个又一个难关的，不是那只价值连城的玉镯，而是父母那比玉镯更有价值的对生活充满信心永不屈服的乐观与坚毅。

回首那段辛酸的生活，回味父母在困境中的乐观与不屈，这对几个孩子来说，它的价值是物质所不能衡量的。带着这种品质，他们将坚定地走在崎岖的人生道路上。

你要坚定自己的信念，不要动摇。就像挖水井，你首先必须找到你认为有水源的地方，然后坚持往下挖。如果水源离地面 50 米，但你每次只挖到 40 米就放弃，而去找另一个地方再挖，那么，不管你付出多少汗水，都将会白费力气，最多是自欺欺人地告诉自己："我又多了一次失败的经验。"

找到属于自己的工作的人们，面对工作上的困难，面对不顺，不要垂头丧气，不要轻言转换工作，再坚持一会儿，霉运就会过去，再坚持一会儿，就会出现转机。

你想要快乐，快乐才会来找你

常听人说，“心想事成”“万事如意”。实际情况却常常相反，“心想难以事成”“不如意事常有八九”。喜怒哀乐本是人之常情，但是如果不加以调节，让不良情绪长期左右自己，就会有损于健康，甚至使人失去生活的信心。

现代心理医学研究表明：人的心理活动和人体的生理功能之间存在着内在联系。良好的情绪状态可以使生理处于最佳状态，反之则会降低或破坏某种功能，引发各种疾病。俗话说：“吃饭欢乐，胜似吃药。”说的就是良好的情绪能促进食欲，有利于消化。心不爽，则气不顺；气不顺，则病易生。难怪有的生理学家把情绪称为“生命的指挥棒”“健康的寒暑表”。

许多医学专家认为，良好的情绪本身就是良医，人体85%的疾病可以自我控制，只要心情愉快，神经松弛，余下的15%也不全靠医生，病人的情绪和精神状态是个不可忽视的重要因素。故而，每个人都应做自己情绪的主人，培养自己愉快的心情，调节好自己的情绪，提高适应环境的能力，保持乐观向上的精神状态。

保持一颗平常心，做到仁爱、平静、理智、乐观、豁达，不以物喜，不以己悲，想得开，想得宽，想得远，对名利得失之类，完全采取超然物外的态度，一切顺其自然，处之泰然。把什么风风雨雨、飞短流长，统统置之脑后。对那些不愉快的事情，要拨开迷雾，化忧为喜。因为不管你遇到什么不顺心、不如意的事，如果整日愁眉不展，不但于事无补，反而有损于身心健康。

法国作家大仲马说：“人生是一串用无数小烦恼组成的念珠，乐观的人是笑着数完这串念珠的。”一个人如果能乐观地对待不如意的事，自然会烦恼自消，愁肠自解。

常怀一颗欢喜心，调节好自己的情绪，使好的心情与自己结伴而行，是完全可以做到的。因为情绪是主观对客观的一种感受和体验，是可以自己支配的。人到晚年，调节好自己的情绪，使自己进入洒脱通达的境界，就掌握了生命的主动权，就能感受和体会到生命和生活中的无穷乐趣。做到这一点，生命之花一定会大放光彩。

积极的心理态度和确定的目标是走向一切成就的起点。播下一个行为，你就会收获一个习惯。播下一个习惯，你就会收获一种品德。播下一种品德，你就会收获一种命运。用积极的心理态度，指挥你的思想，控制你的情绪，掌握你的命运。

人的心理具有神秘的力量，要敢于探索你的心理力量，学会使用适当的暗示去影响别人，学会应用正确的有意识的自我暗示。做到了这两点，你就能在生理、心理和道德上获得健康、幸福、快乐和成功。

人人都会有许多难题。那些具有积极心理态度的人能从逆境中求得极大的发展。要用积极的心理态度去激励自己。人的心理所能构想和相信的东西，人就能用积极的心理态度去得到它。要认识那些似是不可信的事物的可能性。在激励你自己和别人时，希望具有神奇的力量。要想说话热情，战胜胆怯和恐惧，就要说话响亮；说话迅速；强调重要词汇；在书面语中用句号、逗号或其他标点符号的地方，在说话时就要做出适当的停顿；使你的声音含有微笑，以免它变得粗哑，难于入耳。树起你目标的靶子，不断地试射，直到你击中它为止。

失败可以是一块垫脚石，也可以是一块绊脚石，这决定于你的态度是积极的还是消极的。炽烈的愿望可以产生行动的动力，这是伟大的成就所必需的。你分给别人共享的东西会有所增加，你保住不给别人的东西会减少下去。实现崇高的理想需要勇气和牺牲，你可能要孤身对付别人的讪笑和无知。有一件事比谋生更重要，那就是追求崇高的理想。

如果你把苦难和不幸分摊给别人，更多的苦难和不幸就会来到你的身边。要得到快乐，首先就要使别人快乐。

一个乞丐来到一个庭院，向女主人乞讨。可是女主人毫不客气地指着门前一堆砖说：“你帮我把这砖搬到屋后去吧。”

乞丐生气地说：“我只有一只手，你还忍心叫我搬砖，不愿给就不给，何必捉弄人呢？”女主人并不生气，她故意用一只手搬了一趟，说：“你看，并不是非要两只手才能干活。我能干，你为什么不能干呢？”乞丐怔住了，终于他俯下身子，用他那唯一的一只手搬起砖来，一次只能搬两块，他整整搬了四个小时，才把砖搬完，累得气喘如牛。妇人递给乞丐二十元钱，乞丐接过钱，感激地说了声："谢谢你。"妇人说："你不用谢我，这是你自己凭力气挣的工钱啊！"乞丐说："我不会忘记你的。"说完深深地鞠了一躬，就上路了。

过了很多天，又有一个乞丐来这里乞讨，那妇人又让他把以前搬到屋后的砖搬到屋前去，可乞丐不屑地走开了。妇人的孩子不解地问母亲："上次你让那乞丐把砖从屋前搬到屋后，为何这次你又让这人搬到屋前呢？"母亲对他说："砖放在屋前屋后都一样，可搬与不搬对他们却不一样。"

若干年后，一个很体面的人来到这个庭院，这个人是一只手。他俯下身，对坐在院中的已有些老态的女主人说："如果没有你，我还是个乞丐，可现在我成了公司的董事长。"老妇人只是淡淡地对他说："这是你自己干出来的。"

在这个故事里，老妇人其实就是"生活"的化身，她会把一个只有一只手的乞丐教成一位董事长，同样也会让一个四肢健全的乞丐永远是乞丐。她在告诉人们人生在世自己是自己最好的帮手的同时，也在告诉人们，工作是一种幸福，勤奋比什么都快乐。如果将工作视为义务，人生就成了地狱，如果将工作视为乐趣，人生就成了乐园。

有一位国王终日闷闷不乐，为了解除他的心病，大臣们遍访名医。一位智者献计说："只要找到世界上最快乐的人，把他的衬衫脱下来给国王穿上，国王就会高兴起来。"

于是，国王立刻下旨寻遍全国各地，找一个最快乐的人。不久他们就发现，这世界上快乐的人可真少。富人们衣食充足却无所事事，备感无聊；智者们终日恻恻、思虑过多；美人们日日担忧年华老去。最后，他们终于在柴草堆上找到了一个快乐地唱着歌的年轻人，可是，当他们遵照国王的旨意决定脱去他的衬衫时，却发现他竟穷得连衬衫也没有。

世界上有一种情绪，它并不因为人们财富的多寡、地位的高低而增减，全部的奥秘只在内心，那就是快乐。有一种人生最可宝贵的无形财富，它简单易得却又千里难求，任谁也无法将它夺走，那就是快乐。

快乐的源泉在你的心底

有故事云：终南山麓，水丰草美。在这一带出产一种快乐藤，凡是得到这种藤的人一定会喜形于色、笑逐颜开，不知烦恼为何物。曾经有一个人为了得到快乐，不惜跋千山涉万水，去找这种藤。不想他历尽千辛万苦来到终南山麓，虽然得到了这种藤，却仍然不快乐。这天晚上，他在山下一位老人屋中借宿，面对皎洁的月光，不由慨然长叹。他问老人：为什么我已经得到了快乐藤，却仍然不快乐？老人一听乐了：其实，快乐藤并非终南山才有，而是人人心中都有，只要你有快乐的根，无论走到天涯海角，都能够得到快乐。

是啊！人生一世，草木一秋，能够快快乐乐开开心心地过一生，相信这是每个人心中的一个梦。雨果说：比海洋更广阔的是天空，比天空更广阔的是人的心灵。人心浩瀚，可以容纳许多东西，但如果我们的心灵总是被自私、贪婪、卑鄙、懒惰所笼罩，不论我们富甲天下或是位极至尊，也不可能求得快乐。但如果我们的心灵能不断得到坚韧、顽强、刻苦、纯朴之泉的灌溉，不论我们一贫如洗或是位卑如蚁，也可以求得快乐。

在短短的人生之旅中，人人都有所求。有的人求子孙满堂，即得满足；有的人求福如东海，深感幸福；有的人求无上智慧，最是得意；有的人求万事如意，甚为欢喜。如果就表面看来，他们所求各不相同，但万涓细流，汇聚成海，归根结底，他们所求的仍然是快乐。

心灵最柔弱也最细腻。如果你不懂得呵护自己的心灵，你就不可能求得快乐；而一旦你的心灵得到关爱，你就可获得无上快乐。说到底：内心的快乐才是永远。

假如你下决心使自己快乐，你就能够使自己快乐！快乐无需理由，它本身就是理由！快乐无需回报，它本身就是回报！

我国名作曲家刘炽，《让我们荡起双桨》的作者。他曾经说过，“忘记恩怨。十岁时的事情，三十岁回头再看全是笑话；三十岁时的事情，五十岁回头再看全是笑话；五十岁时的事情，七十岁回头再看，仍然是笑话。做人，快乐是最要紧的。我们不是缺少快乐而是缺少对快乐的发现和感受。”刘炽的豁达溢于言表，深深地震撼了人们。是的，我们太拘泥于一时一事，太在意成败得失，却忽视去寻找其中的乐趣。回过头来想一想，一切犹如过眼云烟，功名利禄、成败得失，这些我们孜孜以求的、渴望可以为我们带来快乐幸福的东西，却是我们寻找快乐之道的绊脚石。

刘炽又讲了一则小故事：一群年轻人到处寻找快乐，但事不遂人愿，就向苏格拉底请教。苏格拉底要年轻人先帮他造一条船，于是年轻人暂时把寻找快乐的事儿放在一边，用了七七四十九天，造成了一条独木船。年轻人把老师请上船，一边合力荡桨，一边齐声唱起歌来。苏格拉底说：“你们快乐吗？”年轻人齐声回答说：“快乐极了！”苏格拉底帮这群年轻人寻到了快乐。

快乐的最高境界还不是能够发现快乐，而是能够创造快乐。在罗马尼亚，有一个许多人都喜欢去的墓地，因为这墓地里有许多快乐的文字。有一块墓碑上这样写着：“广村中我最老，生平喜舞蹈，彼德兄弟俩，放声做伴唱……你们快来看看我，像我这样能够活到九十六，祝你比我活得老。”这样的墓志铭在这片墓地上很多，吸引了许多游客驻足。鲜有人迹的墓地成了游览景点，是墓地管理者始料不及的。而创造这些快乐的人活着时多是些农民、贫困者甚至是乞丐，他们生前为自己制造了快乐，死后又给世人带来了快乐。

从前人们碰到一起，打招呼时就说：吃了吗？

后来改成了：你好！

今天相逢，在相当一部分人口中，又变成了：活得快乐点儿！

由物质到精神，关怀的内容发生了本质的变化。

然而，快乐的理由呢？在对一些女士的调查中，所得到的回答差不多都是：享受生活呀。不同的是她们各有各自的理由。

一位老太太，已老到走路不能自如的境地，还坚持在景山公园的台阶上，一级一级地往上蹭。她脸上阳光灿烂：这是我每天最快乐的事呀。

一个女友，整天忙碌在办公室，无非打印个文件，收收发发，很琐碎，往身后一看什么都留不下。可一到休息日，她就闲得忧郁，因而总深有感触地说：“工作能使我快乐。”

一个操劳了一辈子的母亲，不穿金，不戴银，不吃补品，不当王母娘娘。每日依然辛劳不辍，她笑呵呵对人们说，全家平平安安比什么都让我快乐。

一个下岗女工：谁能给我一份工作，我可就乐死了。

一个小保姆：主人家信任我，不见外，我就觉得快乐。

一个小女生：哎呀呀，星期天早上能让我睡够了，最快乐！

生活是世界上最难的一道题，复杂得永远解不清。可是生活又简单得像一颗透明的水滴，一首诗，一支歌，一朵小花，一片绿叶，一只小动物……就能让我们快乐得如仙飘飘而然起来，一直飘向天国。

快乐是真实的，是发自内心的；除非获得你的允许，没有人能够令你苦恼。

你每天都应该记住：快乐是你赠送给自己的礼物，不是圣诞节的点缀，而是整年的喜悦。

传说在天堂上的某一天，上帝和天使们召开了一个头脑风暴会议。上帝说："我要人类在付出一番努力之后才能找到幸福快乐，我们把人生幸福快乐的秘密藏在什么地方比较好呢？"

有一位天使说："把它藏在高山上，这样人类肯定很难发现，非得付出很多努力不可。"

上帝听了摇摇头。

另一位天使说："把它藏在大海深处，人们一定发现不了。"

上帝听了还是摇摇头。

又有一位天使说："我看啊，还是把幸福快乐的秘密藏在人类的心中比较好，因为人们总是向外去寻找自己的幸福快乐，而从来没有人会想到在自己身上去挖掘这幸福快乐的秘密。"

上帝对这个答案非常满意。

从此，这幸福快乐的秘密就藏在了每个人的心中。

想快乐吗，那就顺其自然吧

《淮南子》中曾有这样一个故事：有一位住在长城边的老翁养了一群马，其中有一匹马忽然不见了，家人们都非常伤心，邻居们也都赶来安慰他，而他却无一点悲伤的情绪，反而对家人及邻居们说："你们怎么知道这不是件好事呢？"众人惊愕之中都认为是老人因失马而伤心过度，在说胡话，便一笑了之。

可事隔不久，当大家渐渐淡忘了这件事时，老翁家丢失的那匹马竟然又自己回来了，而且还带来了一匹漂亮的马，家人喜不自禁，邻居们惊奇之余亦很羡慕，都纷纷前来道贺。而老翁却无半点高兴之意，反而忧心忡忡地对众人说："唉，谁知道这会不会是件坏事呢？"大家听了都笑了起来，都以为是把老头给乐疯了。

果然不出老头所料，事过不久，老翁的儿子便在骑那匹马时摔断了腿。家人们都挺难过，邻居也前来看望，唯有老翁显得不以为然而且还似乎有点得意之色，众人很是不解，问他何故，老翁却笑着答道："这又怎么知道不是件好事呢？"众人不知所云。

事过不久，战争爆发，所有的青壮年都被强行征集入伍，而战争相当残酷，前去当兵的乡亲，十有八九都在战争中送了命，而老翁的儿子却因为腿跛而未被征用，他也因此幸免于难，故而能与家人相依为命，平安地生活在一起。

这个故事便是"塞翁失马，焉知非福"的出处。老翁高明之处便在于明白"祸兮福所倚，福兮祸所伏"的道理，能够做到任何事情都能想得开，看得透，顺其自然。顺其自然是一种处世哲学，而且是一种很好的，很受用的处世哲学。

顺其自然是最好的活法，不抱怨，不叹息，不堕落，胜不骄，败不馁，只管奋力前行，只管走属于自己的路。中国有句俗话叫作"谋事在人，成事在天"，而这种"成事在天"便是一种顺其自然。只要自己努力了，问心无愧便知足了，不奢望太多，也不失望。

顺其自然不是随波逐流，放任自流，而是应该坚持正常地学习和生活，做自己应该做的事情，而是弄明白自己的人生方向后踏实地顺着这条路走下去。有人曾经问游泳教练：“在大江大河中遇到旋涡怎么办？”教练答道：“不要害怕。只要沉住气，顺着旋涡的自转方向奋力游出便可转危为安。”顺其自然也是如此，它不是“逆流而动”，也不是“无所作为”，而是按正确的方向去奋斗。

顺其自然不是宿命论，而是在遵守自然规律的前提下积极探索；顺其自然不是不作为，而是有所为，有所不为。

看开了，你就快乐了

第一个故事：

一个人坐在轮船的甲板上看报纸。突然一阵大风把他新买的帽子刮落大海中，只见他用手摸了一下头，看看正在飘落的帽子，又继续看起报纸来。另一个人大惑不解："先生，你的帽子被刮入大海了！""知道了，谢谢！"他仍继续读报。"可那帽子值几十美元呢！""是的，我正在考虑怎样省钱再买一顶呢！帽子丢了，我很心疼，可它还能回来吗？"说完那人又继续看起报纸来。

第二个故事：

一位七十多岁的日本老先生，拿了一幅祖传古画上电视节目，要求宝物鉴定团的专家做鉴定。据老先生去世的父亲生前说，这幅画是名家所作，价值数百万。老先生自己不懂，因而想请专家加以鉴定。结果揭晓，专家认为它是赝品，连一万日元都不值，全场唏嘘……主持人问老先生："您一定很难过吧？"来自乡下的老先生脸上的线条变得无比的柔和和憨厚，微笑着说："啊，这样也好，不会有人来偷，我可以安心把它挂在客厅里了。"是啊，失去有时反而让我们得到了轻松！

的确，一切看开了，失去的已经失去，何必为之大惊小怪或耿耿于怀呢？

第三个故事：

小李的钱包被盗了，很让人心烦，不光是钱不见了，里面还有他的身份证，这让他愁眉不展，要知道他的户口在邢台，而他在北京打工，办身份证还要来回跑，挺麻烦的，以致这几天他心情都不好。

不过，这样的心情没有持续很久，一位朋友的话让他顿悟，心情也随之好转。朋友对他说："钱包已经不见了，你再怎么想，也不可能重新出现在你的面前。钱丢了事小，如果好心情没了，影响你的情绪，让你忧伤，让你不安，这会影响你的食欲，影响你的健康，就太不值得了。身份证办起来是很麻烦，却让你多回家几次，增加了与家人的沟通，这也是一件挺好的事情呀！"朋友的话让他反思了很久，如果换一个角度来思考问题，生活中又有什么让你感到烦恼的事情呢？

世事难以预料，倒霉和不幸的事谁也不想发生，但如果发生了，你应怎样去面对呢？生活的挫折和磨难来临时，我们应以一颗乐观、豁达、健康的平常心面对，这样生活会美好得多。

许多人都有过丢失某种重要或心爱之物的经历：比如不小心丢失了刚发的工资，最喜爱的自行车被盗了，相处了好几年的恋人拂袖而去了，等等，这些大都会在我们的心理上投下阴影，有时甚至因此而备受折磨。究其原因，就是我们没有调整心态去面对失去，没有从心理上承认失去，只沉湎于已不存在的东西，而没有想到去创造新的东西。人们安慰丢东西的人时常会说："旧的不去新的不来。"事实正是如此，与其为失去的自行车懊悔，不如考虑怎样才能再买一辆新的；与其对恋人向你"拜拜"而痛不欲生，不如振作起来，重新开始，去赢得新的爱情。

人世间就是有许许多多自己制造的烦恼。烦恼是很不讨人喜欢的词，因为它令我们感到无助、劳累。

人生总是在不断地失去和拥有。拥有快乐，失去烦恼；捡到幸福，丢掉悲伤。不管将来你要怎样选择，最重要的是自己能够开心地面对。

生活中，我们难免失去，如果失去什么之后，我们再失去快乐的心情，岂不是失去更多了？

法国杰出作家罗曼罗兰说得好，"一个人快乐与否，决不依据获得了或失去了什么，而只能在于自身感觉怎样。"

有的人大富大贵，别人看他很幸福，可他自己身在福中不知福，心里老觉得不痛快；有的人，别人看他离幸福很远，他自己却时时与幸福邂逅。

有对下岗的年轻夫妇，在早市上摆个小摊，靠微薄的收入维持全家五口人的生活。这夫妇俩过去爱跳舞，现在没钱进舞厅，就在自家院子里打开收录机转悠起来。男的喜欢喂鸟，女的喜欢养花。下岗后，鸟笼里依旧传出悦耳动听的鸟鸣声；阳台上的花儿依旧鲜艳夺目。他俩下了岗，收入减少了许多，还乐个不停，邻居们都用惊异的目光看着他俩。

是的，我们虽然无法改变我们的境况，但我们可以改变自己的心态。没了工作不要紧，但不能没有快乐，如果连快乐都失去了，那活着还有什么意义。因为快乐是人的天性的追求，开心是生命中最顽强、最执着的律动。

荣启期在泰山，优哉游哉，鼓琴而歌，孔子路过，就问他为何这等快乐？

荣启期回答道：“天生万物，惟人为贵，我得为人，何不乐也？”

正如荣启期所说，生而为人即是一种快乐，快乐是人生的主题。只要我们用心去体会，用豁达的胸怀去面对人生，以饱满的热情去对生活，就能快乐度过每一天。

生活中的快乐，你仔细品味了吗

爸爸问女儿：“你快乐吗？”女儿答：“快乐。”

爸爸让女儿试着举例，女儿说：“比如现在呀。”当时晚饭后，他陪女儿一起登上楼顶，仰卧观天上的星星。这只是一件平常的小事，我们差不多每个人小时候都有类似的经历，都有这样的无数快乐时刻。

爸爸让女儿再举例，女儿说比如妈妈爱用茶叶水洗枕头，睡觉时都有淡淡的茶叶香味。还有妈妈在刚刷完油漆的屋子里放些菠萝，风儿一吹整个屋子就充满了芳香的菠萝味了。

这些本是生活中极其平常的小事，谁也无心去在意这些，可我们却难得有这样的快乐体味，只能到遥远的童年去寻找这样的感动。

这段故事是收音机曾经播出的，听完之后，总是让人萌生了一种感动。生活中原来时时刻刻充满着快乐，这快乐来自生活的细微末节，只有用心去品味，快乐同样有色香味，同样可观可闻可吃可品。

有这样一个故事：一个欲离婚的女子厌烦了现有的琐屑生活，但她一直对其外祖母的快乐和谐生活充满好奇。有一天她终于忍不住打开了外祖母的日记，原来里面记录着外公为她洗了多少衣服，吻过她多少次，洗过多少次脚……相信任何读到此处都会吃惊，原来生活中的琐屑小事便是快乐的源泉。

生活是由一件件的琐碎之事连缀而成的，在这根线上的点点滴滴都融汇着快乐的纽扣。细品着细琐的每一点每一滴，你都会觉得生活更加丰富多彩。

品味生活要多想些美好之处。因为生活毕竟不是只有鲜花，时时充满阳光。我们要想成功地走出郁闷和哀愁，就要多思考生活中美好的一面，从中品味幸福。比如下班了，妻子做好的可口的饭菜，这就是一种快乐，不要因为她时常埋怨而自悔自恼，也不要因为她的心胸偏狭而自怨自艾。再如，生病了，同事都拿着礼物来看望你，应该感到他们对你的关心，而不能过多考虑他们是否怀有其他目的。

一滴水珠可以照见太阳的光辉。品味生活的快乐是从小处着眼，不要因为事情小而忽略了别人对你的关爱。你上班迟到了，同事帮你打扫了地板，擦干净了桌子；下雨了，有人将伞伸到你上面的领空与你共享；当你向朋友借钱，哪怕发生屠格涅夫《兄弟》中的“我”遇乞丐的情景也无所谓。所有这些都是生活的一部分，都值得我们深深地怀恋，让我们感动。

收获与付出往往成正比。我们在品味别人给我们带来的一发便利时也要想到去给予。其实，给予别人快乐也是一种快乐。给予快乐，你就会收获快乐，因为你为自己创造了快乐。生活是被快乐包围着的，只要我们用心去品味，我们就会时时感受到快乐时光。

予人快乐予己快乐

英国《太阳报》曾以“什么样的人最快乐”为题，举办了一次有奖征答活动，从应征的八万多封来信中评出四个最佳答案：

1. 作品刚刚完成，吹着口哨欣赏自己作品的艺术家；

2. 正在用沙子筑城堡的儿童；

3. 为婴儿洗澡的母亲。

4. 千辛万苦开刀后，终于挽救了危重病人的外科医生。

要使自己成为快乐的人，从第一个答案中，我们知道必须工作，有工作，就会使人快乐；第二个答案告诉我们，要学会快乐，必须充满想象，对未来充满希望；第三个答案告诉我们，要学会快乐，一定要心中有爱，那种无私的、不计报酬的爱；第四个答案告诉我们，要学会快乐，一定要有能力，要有助人为乐的技能。只有这样的人，世人才会给他最美妙的报偿，正所谓予人快乐予己快乐。

给予是快乐的源泉，为别人带来快乐的同时，我们自己也会处于快乐的包围之中。快乐是可以分享的，你给别人带来了快乐，你分享给别人的东西越多，你获得的东西就会越多。你把幸福分给别人，你的幸福就会更多。但是，如果你把痛苦和不幸分给别人，那你得到的也只能是痛苦和不幸。生活中你如果整天以一张愁眉苦脸待人，那别人会全以同样的面孔对你，你看到了更多的愁容；相反，如果你以笑脸相迎，你会看到更多的笑脸，你的快乐心情加倍了。

从前有个国王，非常疼爱他的儿子，总是想方设法满足儿子的一切要求。可即使这样，他的儿子却总是整天眉头紧锁，面带愁容。于是国王便宣赏找寻能给带来儿子快乐之能士。

有一天，一个大魔术师来到王宫，对国王说有办法让王子快乐。国王很高兴地对他说：“如果你能让王子快乐，我可以答应你的一切要求。”

魔术师把王子带入一间密室中，用一种白色的东西在一张纸上写了些什么交给王子，让王子走入一间暗室，然后燃起蜡烛，注视着纸上的一切变化，快乐的处方会在纸上显现出来。

王子遵照魔术师的吩咐而行，当他燃起蜡烛后，在烛光的映照下，他看见纸上那白色的字迹化作美丽的绿色字体："每天为别人做一件善事！"王子按照这一处方，每天做一件好事，当他看见别人微笑着向他道谢时，他开心极了。很快，他就成了全国最快乐的人。

许多人活一辈子都不会想到，自己在帮助别人时，其实就等于帮助了自己。他们会问："明明是我去帮助他们，他们受惠，怎么是帮助自己呢？我受的惠在哪里呢？"其实一个人在帮助别人时，无形之中就已经投入了感情，别人对于你的帮助会永记在心，只要一有机会，他们会主动报偿的。

一个极其寒冷的冬日的夜晚，路边一间简陋的旅店迎来一对上了年纪的客人。然而不幸的是，这间小旅店早就客满了。"这已是我们寻找的第 16 家旅社了，这鬼天气，到处客满，我们怎么办呢？"这对老夫妻望着店外阴冷的夜晚发愁地说。

店里的小伙计不忍心这对老人出去受冻，便建议说："如果你们不嫌弃的话，今晚就住在我的床铺上吧，我自己在店堂里打个地铺。"老夫妻非常感激，第二天要照店价付客房费，小伙计坚决拒绝了。临走时，老夫妻开玩笑地说："你经营旅店的才能真够得上当一家五星级酒店的总经理。"

"那敢情好！起码收入多些可以养活我的老母亲。"小伙计随口应道，哈哈一笑。

没想到两年后的一天，小伙计收到一封寄自纽约的来信，信中夹有一张往返纽约的双程机票，信中邀请他去拜访当年那对睡他床铺的老夫妻。

小伙计来到繁华的大都市纽约，老夫妻把小伙计引到第五大街和三十四街交汇处，指着那儿的一幢摩天大楼说："这是一座专门为你兴建的五星级宾馆，现在我们正式邀请你来当总经理。"

年轻的小伙计因为一次举手之劳的助人行为，美梦成真。这就是著名的奥斯多利亚大饭店经理乔治·波菲特和他的恩人威廉先生一家的真实故事。

真正有涵养的人，在别人适逢痛苦或遭遇不幸时，绝不冷眼旁观，而是尽自己的力量和可能给予同情和帮助。即使是再普通的关系也应该表现出你的热情。只有真诚地待人，别人才会真诚地对你。那种虚情假意，甚至想捉弄人、看别人笑话的人，是注定不会有朋友的。只有互助才会双赢。

两个钓鱼高手到鱼池垂钓，不久收获颇丰。忽然间，鱼池附近来了十多名游客，也开始垂钓。没想到，他们怎么钓也是毫无成果。

那两位钓鱼高手，一位孤僻而不爱搭理别人，单享独钓之乐；而另一位却是个热心、爱交朋友的人。爱交朋友的这位高手，看到游客钓不到鱼，就说："这样吧！我来教你们钓鱼，如果你们学会了我传授的诀窍，而钓到一大堆鱼时，每十尾就分给我一尾。不满十尾就不必给我。"

对方欣然同意。就这样，这位热心助人的钓鱼高手，把所有的时间都用于指导垂钓者，获得的竟是满满一大篓鱼，还认识了一大群新朋友，同时，左一声"老师"，右一声"老师"，备受尊崇。而另一个同来的钓鱼高手，却没享受到这种服务于人们的乐趣。

想要得快乐吗？那就无私地去帮助别人吧！

生活的一点一滴，都存在着快乐

一天，深山里的小村子，沸腾了。在这个很少有人光顾的地方，突然来了一队美国来的摄制组。这些蓝眼睛黄头发的外国人，和当地农民经过一番诚恳的交流之后，人们终于明白，他们想在这里拍一部中国农民生活的纪录片。

很快，他们找到了一位憨厚的柿农，并且告诉他，说要买他 2000 个柿子，请他把这些柿子从树上一个一个亲手摘下来，并且现场演示一下柿子的贮存过程。面对 240 元人民币，折合 30 美元的诱惑，柿农说干就干。

他先找来一些亲戚，作为帮手。有的人爬到柿子树上，瞅准了柿子，用特制的，绑有弯钩的长杆，用劲一拧，柿子就轻而易举地掉了下来。有的人，一直在下面等，不时地从草丛中寻找、捡拾着柿子。金黄的柿子像铜钱一样，源源不断地从树上掉了下来，滚得满地都是。下面的人抱着竹筐，一边手忙脚乱地捡着柿子，一边还不忘高声大嗓地和树上的人扯着不咸不淡的家常。

在一边的美国人被这种世外桃源般的生活氛围所深深地感染了，他们一直高举着摄像机，把看到的一切全都拍了下来。

接着他们又拍到了当地柿农世世代代贮存柿子的过程。

一切进行得非常顺利，美国人付了钱，就要准备离开。那位朴实的收了钱的柿农却一下子拦住了他们，说“你们不是要买柿子吗？怎么不把付了钱的柿子带走呢?”美国人说：“路途太遥远了，不方便携带，也不需要带了，我们买这些柿子的真正目的已经达到了，这些柿子还是请你自己留着，慢慢享用吧!”

“天底下哪有白吃的馍呢?”那位柿农心里暗暗嘀咕。他仍然百思不得其解，于是他很生气地说：“我的柿子在俺村是最棒的，质量好得很，你们凭啥瞧不起它们。”美国人无奈地耸耸肩，摊开双手笑了。他们的翻译耐心地向柿农解释，说“他们丝毫没有瞧不起他这些柿子的意思。”

翻译折腾解释了半天，柿农有点似懂非懂，他终于点点头，同意让他们离开。望着一队远离的背影，他摇摇头感叹说：“没想到老外是一种这样的傻瓜!”

其实那位柿农才是一个大傻瓜。尽管他的2000个柿子原地没动地就卖了30美元，但是他哪里晓得那几位美国人真正需要的是拍到他们采摘和贮存柿子整个过程的纪录片。这种纪录片，拿到美国去，可以换到更多更多的钱。

那位自信的柿农更不会想到，在那几个美国人眼里，他的那些柿子并不稀罕，他们感兴趣的只是当地那种独特有趣的采摘、贮存柿子的过程和生活方式。

那位倔强的柿农更不会知道，一个柿子在市场上只能买卖一次，但如果一旦将柿子制成富有浓郁地方特色的“信息产品”之后，同样是一个柿子却可以在市场上卖一千次一万次甚至十万次、百万次。

那位柿农很诚实，很质朴，很可爱，但他在不理解别人真正用意时就断定别人是傻瓜，他的可爱也就因此多了几分可笑。

这样的“柿农”，每个乡村里都有，每个城市里也都有。有幸生活在当今这个世界上的人们，如果光会种“柿子”，光知道“柿子”可以换来金钱，那都是远远不够的啊！

幸福会被你的怨天尤人所伤害

倘若我们无法改变面前的事实，那我们为什么不可以改变存在于我们心中的那份心情？

不自信的人喜欢怨天尤人，认为别人的运气总比自己好。自己之所以不顺心，原因全在于没有运气，或在于他人没有给予全力支持，根本不从自己身上找根源。

喜欢怨天尤人的人，总有他理直气壮之处。工作升迁的机会被别人抢去了，他会抱怨领导没有识人之才，真是有眼无珠；事业关键的时候，突然身体生病了，他会抱怨老天爷怎么这样惩罚自己；女友离他而去的时候，他会抱怨这个女人真是水性杨花，从来不会问自己是不是也有责任；朋友很长时间不联系了，他会抱怨："该死的，是不是把我给忘了？"……

习惯埋怨和责备他人的人自感无能，于是设法贬低他人来抬高自己。怨天尤人到极处就是愤世嫉俗。但愤世嫉俗不但不为别人喜欢，甚至也会使你不再爱自己。此种态度的养成，多半是因你在某处失败了而找个理由来弥补。例如你对婚姻不忠实，却把责任推到对方身上；你在商业上不能坚持操守，却硬说这世界本来就是个自相残杀的地方，根本没有老实人。愤世嫉俗不但会使你的行为脱离正轨，更糟的是，你还会用它来掩饰自己的过错。如果你每次都对外在的一切嗤之以鼻，你就会更相信所有的人——包括你自己——做什么事都令人失望。

生活中，任何一个微小的不如意，都值得他抱怨一场。整天跟个怨妇似的，跟这样的人生活在一起，简直是一种折磨。而自信有朝气的人，面对生活的不幸却是完全另一种态度。

有一个女人，失业、离婚，之后又得了子宫肌瘤做了大手术，但你从她的脸上看不到任何怨气。她总是一脸阳光，灿烂的笑让人以为她是那种春风得意的女子。

她就这样微笑昂首渡过了人生中的一个又一个难关。下岗了，她没有哭丧着脸怨天尤人，而是坚强地接受命运挑战，她很快自己开了一间美容院，不仅把许多女人变得更美丽，也把自己打扮得很时尚。离婚了，她也没和许多人诉说，她说，当一个祥林嫂似的人物只能让人更加可怜。更让人想不到的是，她居然说婚姻的裂缝绝对不是一个人撕开的，想必我也有责任。很快，她找到了自己的新爱情。即使做了那样大的一个手术，她亦是很坦然地说："这下，我感觉到了生命的美好，所以，必将更加珍惜每一天。"

请相信，被称作"运气"的东西，是公平地分配给我们每一个人的。我们每一个人都在为自己创造运气。假如你认为自己的运气不好，是因为你努力的方法不对。

现实与理想有时相距甚远，当我们宏伟的目标被残酷现实击穿的时候，不要唉声叹气，不要怨天尤人，更不要就此沉沦，而要笑对人生，笑对生命，只争朝夕，奋发图强，改变轨迹接着再来。只有这样，展现在自己面前的才是一派山清水秀，桃红柳绿的景观。诚然，生命对于我们每个人来说都只有一次，每个人都在其中不停地耕耘，不停地收获。然而，付出与收获也并不是不变的正比关系，不要看重付出，也无须奢求收获，付出并不意味着失去，收获也并不表明得到，重要在于过程，在于你如何自豪地充实每一天，每一个过程，而这个过程不正是一个很好的圆吗？我们的一生本身就是一个圆，从出生开始我们就意味着要以死亡收尾，留在世上的也只是我们所走过的路程。在这纷繁的尘世中能够留下点滴痕迹，也不枉此生。

朋友！倘若我们无法改变面前的事实，但我们为什么不可以改变存在于我们心中的那份心情？生命既然赋予了我们如此美好的世界，它的意义，它的本质也许就是需要我们鼓足勇气，慷慨地走上那条属于自己的人生之路！让我们在漫漫的人生征途上，永远笑对生命！

心怀希望，才有好的心情

当我们渴望自己每天都有一个好心情的时候，我们是否尝试过每天早上起来的时候给自己一个对美好心情的期盼，并且用这种期盼来鼓舞和激励自己呢？真的这确实是一个非常不错的主意，当我们每一天都坚持做下去，使之成为一种习惯的时候我们会发现我们的心情真的越来越好，我们的幸福感觉也越来越强烈。

有一位名人说："穷苦人的日子都是愁苦；心中欢畅者，则常享丰筵，"这段话的意义是告诫世人设法培养愉快之心，并把它当成一种习惯，那么，生活将好像一连串的欢宴。

一般而言，习惯是生活的累积，是能够刻意造成的，因此人人都掌握有创造愉快的心情的力量。

养成心情愉快的习惯，主要是凭借思考的力量。首先，你必须拟订一份有关心情愉快的想法的清单，然后，每天不停地思考这些想法，其间若有不高兴的想法进入你的心中，你得立即停止，并将之设法摒除掉，尤其必须以快乐的想法取而代之。此外，在每天早晨下床之前，不妨先在床上舒畅地想着，然后静静地把有关快乐的一切想法在脑海中重复思考一遍，同时在脑中描绘出一幅今天可能遇到的快乐地图。久而久之，不论你面临到什么事，这种想法都将对你产生积极性的效用，帮助你面对任何事，甚至能够将困难与不幸转为快乐。相反地，倘若你——再对自己说："事情不会进行得顺利的。"那么，你便是在制造自己的不愉快，而所有关于"不愉快"的形成因素，不论大小都将围绕着你。

以前，有一位不幸的人。他每天总是在吃早餐时对他太太说："今天看来又是不愉快的一天。"虽然他的本意并非如此，充其量只不过是一句遁词而已，因为他的口中尽管这么如此念着，实际上在心中却也期待着会有好运来临。然而，一切情况都很糟糕。其实，会有这种情况发生并不令人奇怪，因为心中若预存不快乐的想法，那一天的心情肯定会受到你的潜意识的影响，所有的事情也许会办得很不顺。

心灵“忘忧草”，你种上了吗

生活是个万花筒，有时不免长出一棵让你忧郁、烦恼的花，破坏你的好心情，使你的生活黯然失色。此时，你不妨学着在心中种一棵“忘忧草”，让它帮你遮挡忧郁，给你的心灵带来芳香与快乐。“忘忧草”可以是一本秘密日记，可以是一次倾情诉说，可以是一曲高山流水，也可以是一次翩翩起舞……

当心情不好时，可以打开日记，把所有的忧郁、烦恼和不快都融入笔端，写入日记，这样一方面可以宣泄心中的不快，另一方面可以理清心绪，平静心情，有时还能“顿悟”和释然。你可以在日记中倾诉生活的烦恼，可以“痛骂”给你带来不快的领导，可以“诉说”失恋给你带来的伤痛。总之，一切的不快乐都可以在日记中宣泄，而宣泄过后，肯定会有如释重负的感觉。

如果说写日记是向自己倾诉，那么写信或谈话便是向知音、朋友、师长等信任的人倾诉。可以从他们那里得到同情、理解和帮助。只要勇于打开心扉，朋友便会尽力帮你减轻心理负担的压力，为你分担坏心情。

此外，在忧郁、烦闷时，你也可以痛哭一场，可以大吼几声，可以放声高唱或打球、跑步、洗澡。借此来忘掉忧愁，但任何宣泄方法都不可过分，更不能伤害别人或自残，应当适时、适度地宣泄。

心情不好时，可以听一段轻松愉快的音乐，让舒缓的旋律来抚慰那纷乱的心绪，让自己陶醉在音乐中，心绪自然会随着高山流水而欢呼雀跃；可以外出漫步散心，让优美的景色、新鲜的空气冲淡内心的不快与烦躁。这种转移情景法有利于帮你从坏心情中超脱，让你时时沉浸在快乐中。

你也可以暂时放下手头的活，离开令你伤心、烦恼的地方，去做一些感兴趣的事来转移你的注意力，忘掉烦恼和不快；也可以参加一些集体活动，在欢乐的气氛中摆脱痛苦的阴影。

生活中如果我们能以乐观的态度去对待一切，好心情就会常伴我们。生活中有人什么都不缺，就是不快乐；而有的人什么都不如别人，但他却整天乐呵呵的。他们的差别不在于拥有多少，而在于内心知足与否。

一个身材矮小的学生，总感到自己身体条件不如别人，自卑得很。有一天他参观了聋哑学校后，觉得比起那些残疾人来，自己是多么的幸运，于是他不再为自己的身材而烦恼，从此他努力培养自己的特长，力图在成绩、能力上超过别人。

用心感受生活，你会没有烦恼

俗话说：“世上无难事，只怕有心人。”生活也不例外，只要我们用心去体验、去感受生活，就会少一份抱怨，多一份享受；就会少一些烦恼，多一些快乐。

生活既是人的对手，也是人的朋友，你怎么待他，他便会以其人之道，还治其人之身。作为对手，生活经常会给你出个难题，在你前进的方向设上陷阱，但是只要你用心对他，便能行走自如，便能征服他，把他变为你的朋友；作为朋友，只要你笑对人生，他便会时常让你尝到生活的美好滋味，让你体验生活的快乐。总之，只要用心生活，生活便会把你当作永远的朋友。

用心生活，就要专心做事，就像狮子扑兔子，要全力以赴，更要像小鸟筑巢时，埋首工作。专心做事的人，像是在从事一门艺术，他能看到生活中最美好的风景。一名农夫在偏远的农村待了一辈子，从来没有离开过那片土地，从来没有去过大城市。当一位前去采访的记者问他一辈子都住在这种恶劣的环境中，没有离开过大山，是否感到遗憾时，他回答说：“没有遗憾，我每天都感到很快乐！”

生活要用心灵去感受。用包容、豁达的心情看待生活，即使处于生命的低谷，也会觉察到人生的美好与幸福。

用心感受生活，就是要规划自己的人生，并努力追求，努力实现自己的人生目标；就是勇往直前，义无反顾，向看似不可能的事情挑战；就是充满爱心，怀着一颗真诚的爱心去生活。

用心感受生活，就要品尝生活的原汁原味，就要接受生活的所有赏赐，不能挑肥拣瘦，有所偏袒。有的人一生追求名利，终生为之而奋斗。如果他“成功”了，那他也只能体味到名利的滋味，但这绝不是生活的全部，也绝不是生活的原汁原味。事业的成功，剥夺了他与亲人相处的时间，剥夺了他真正感受生活的时间，也剥夺了他人生的权利。有的人一生追求金钱，但最后穷得只剩下钱了，因为钱，连亲情，友情，爱情都失掉了，这样的人生，又有什么意义呢？

古代哲学家说过："凡是存在的，都是合理的。"且不论这句话所包含的哲学思想对错与否，它对于生活是完全适应的。生活中的一切，不论是苦难还是芬芳，不论是烦恼还是快乐都有其存在的理由，我们都无法回避，无法挑选，只能用心对待，只有这样，才能真正体味到生活的美好滋味。正如有的人喜欢吃酸，但如果整天让他吃酸的话，恐怕几天下来他就要叫苦不迭，见酸后退了。生活也一样，我们祈求天天交好运，但如果整天把自己泡在蜜罐里，也就感觉不到快乐了。苦难是生活的调味剂，是幸福的衬托，用心生活，就不能回避苦难。

第五章

安静下来，素心浅笑

在这个世界上，有许多事情是我们所难以预料的。我们不能控制际遇，却可以掌握自己；我们无法预知未来，却可以把握现在；我们不知道自己的生命到底有多长，但我们却可以安排当下的生活；我们左右不了变化无常的天气，却可以调整自己的心情。只要活着，就有希望。别跟自己过不去，只要每天给自己一个希望，就算人生不够完美，也能微笑着去唱失意生活的歌谣。

感恩坎坷，它是你宝贵的财富

人们都希望自己的生活中能够多一些快乐，少一些痛苦，多些顺利少些挫折，可是命运却似乎总爱捉弄人、折磨人，总是给人以更多的失落、痛苦和挫折。

有这样一则故事：草地上有一个蛹，被一个小孩发现并带回了家。过了几天，蛹上出现了一道小裂缝，里面的蝴蝶挣扎了好长时间，身子似乎被卡住了，一直出不来。天真的孩子看到蛹中的蝴蝶痛苦挣扎的样子十分不忍。于是，他便拿起剪刀把蛹壳剪开，帮助蝴蝶脱蛹出来。然而，由于这只蝴蝶没有经过破蛹前必须经历的痛苦挣扎，以致出壳后身躯臃肿，翅膀干瘪，飞不起来，不久就死了。这只蝴蝶的欢乐也就随着它的死亡而永远地消失了。这个小故事也说明了一个道理：要得到欢乐就必须能够承受痛苦和挫折。这是对人的磨炼，也是一个人成长必经的过程。

人生在世，都会遇到厄运，适度的厄运具有一定的积极意义，它可以帮助人们驱走惰性，促使人奋进。因此厄运又是一种挑战和考验。我们的生活因厄运变得丰富而多彩，我们的性格因坎坷而锤炼得成熟。厄运来临——与厄运挑战——在战斗中升华自己，这就是逆境与厄运的意义所在。

人生重要的不是拥有什么，而是经历了什么，任何坎坷的经历都是一种宝贵的人生财富。

英国哲学家培根说过："超越自然的奇迹多是在对逆境的征服中出现的。"关键的问题是应该如何面对厄运与不幸。

最高的境界是在逆境中学会微笑。

要在逆境中学会微笑却相当不易……挫折，成功，失败，有几个人能看透？又有几个人能够做到从容？

逆境中的微笑可以让人心平气和，不急不怒，能让人仔细分析所处困境，理清思路，找出解决办法，顺利渡过难关。在不利的局面下能保持微笑会给竞争对手以极大的心理压力，此时的微笑会让对手心惊胆战，不寒而栗。在顺境中的微笑也可以让人保持心态平静，戒骄戒躁，可以让人看清鲜花丛中的荆棘，看到阳光道上的陷阱，使人头脑清醒，继续勇往直前。

当我们对外部自由无能为力时，也不要放弃，要培养自我的心灵自由，将自我引向积极和美好的一面。始终在内心积聚力量，等待时机，最终为自己赢来好的外在环境。

生活总是这个样子，想美好的事情，你就会找到快乐，走向成功；想失意的事情，就会走向失望的深渊。无力面对生活，无力面对失败！

人有选择的力量。选择健康、快乐和幸福，你的潜意识就会接受，并使你成为这样的人；选择做一个健康、快乐、友善的人，整个世界就会跟着反应。

失意的人，未必是不幸的

幸运的人，未必是快乐的。失意的人，未必是不幸的。不要奢望着靠天、靠地，其实，一切都只能靠自己。

也许你会觉得工作很累，也许你会觉得需要处理的事情太过乏味，那么，从今天开始，从现在开始，抱着一颗热忱的心，抱着一颗热忱的精益求精的态度，投入到你所认为最平凡的事情中去吧，你一定会从其中发现乐趣的！

一只四处漂泊的老鼠终于在佛塔顶上安了家。

佛塔里的生活实在是太幸福了，老鼠仿佛到了天堂。它不仅可以在各层之间随意穿越，而且可以享受到各种美味的供品。老鼠的物质生活极为丰富，精神生活同样让它陶醉。因为每天都享有常人所无法想象的特权，它可以随意咀嚼那些不为人知的秘密。人们为了表示虔诚，从来不敢正视佛像，所以它可以自由闲逛，恶作剧时，甚至还可以在佛像的脸上留些乌七八糟的排泄物。

这只老鼠总是看着那令人陶醉的烟气，冉冉升起，它深深地吸口气，心中暗暗发笑："可笑的善男信女们，在你们烧香叩头的时候，膝盖竟然这样柔软，说跪就跪下了！"

幸福生活过了一天又一天。

一个阴雨天，一只饿极了的野猫突然闯了进来，彻底改变了老鼠的命运。它用肮脏的爪子一把将老鼠抓住。

"你不能吃我！我代表着佛！你应该像人类一样向我跪拜！"这位自命不凡的俘虏大声地抗议道。

野猫面目狰狞地讥讽道："傻瓜，人们向你跪拜，只是因为你侵略了佛的位置，而不是因为你自己本身！"然后，它像掰开一段香肠那样把老鼠掰成了两半。老鼠到死也没有明白，命运之神为什么既然曾经垂青于它，而最后却又抛弃了它呢？

生活中，一些可以凭着手中的权力呼风唤雨的人们，往往会被甜蜜的奉承吹昏了头脑，其实他们和小老鼠的处境是一样的。只有聪明的人才会明白人们看好的只是他的位置，而不是他这个人本身。

还有位颇感失意的年轻人，来到了一位神算子的面前，问道："前辈，你给成千上万名信徒算过命，那么你能告诉我，这个世界到底有没有命运？"神算子说："当然有啊。"年轻人再问："那命运究竟是怎么回事？既然命中注定，那奋斗又有什么用？"这次神算子没有直接回答他的问题，但笑着抓起他的左手，说："不妨让我先看看你的手相，帮你算算命。"讲过了一通生命线、爱情线、事业线等诸如此类让人听了似懂非懂的话之后，突然，他又说："把手伸出来，照我的样子做一个动作。"他举起左手，慢慢地，而且越来越紧地握起了拳头。末了，他问："握紧了没有？"年轻人有些迷惑，答曰："握紧啦。"他又问："那些命运线在哪里？"年轻人机械地回答："在我的手里呀。"他再追问："请你仔细看看，你的命运在哪里？"年轻人如梦初醒，恍然大悟："原来，命运竟然握在自己的手里！"

神算子依旧很平静地继续说道："从今以后，不管别人怎么跟你说，不管'算命先生们'如何给你算，切记，命运始终在自己的手里，而不是在别人的嘴里！请你再一次握紧你的手掌，再仔细地看看自己的拳头，你还会发现，你的生命线有一部分任凭你如何用力，它们依旧还留在外面，不可能被全部握住，它又带给你什么样的启示呢？我能告诉你的是，命运绝大部分掌握在自己手里，但还有一部分掌握在'上天'手里。古往今来，凡成大业者，'奋斗'的意义就在于用其一生的努力，去争取。"

幸运的人，未必是幸福的。失意的人，未必是不幸的。不要奢望着靠天、靠地，其实，一切都只能靠自己。

感恩之心常有，则抱怨不常有

一大早，我跳上一部出租车，要去郊区一企业参加应聘。正巧遇到了车流的高峰时刻，没多久车子就卡在车阵中，此时前座的司机先生开始不耐烦地骂起街来。我也觉得苦闷于是和他聊了起来："最近生意好吗？"后照镜的脸立马搭拉了下来，声音臭臭的："能有什么好？到处都下岗，你想我们出租车生意它会好吗？每天早起晚睡十几个小时，刚好赚够公司的份子钱，真是气人！"

我觉得由于自己的不小心，扯到了一个不好的话题，换个主题好了，我想。于是我说："不过还好你的车很大很舒服，即便是塞车，也不会让人觉得憋闷……"他打断了我的话，声音提高了一个基调："舒服个鬼！要不你每天来坐上 12 个小时看看，看你还会不会觉得舒服！"接下来他的话多了起来，抱怨从政府无能开始、到油价还要上调，从社会不公，到人民无望。我只能一声不吭地听着，我没有一丝的欲望再去插嘴。

一场紧张的应聘结束了，我再一次跳上了一辆出租车。一上车，一张笑容可掬的脸庞转了过来，伴随着轻快愉悦的声音问道："你好，先生请问要去哪里？"离开了面无表情的主考官后，见了这样的司机，真是难得的亲切，我心中有些讶异，随即告诉了他目的地。他笑了笑："好，您坐好了，没问题！"

和来的时候一样，走没两步，车子又在车阵中动弹不得了。前座的司机先生手握方向盘，开始在轻松的口哨声中慢慢等待，显然今天心情不错。于是我问："看来你今天心情蛮好的嘛！"

他笑得露出了健康的牙齿："我天生就这样，每天心情都很好。""为什么呢？"我问："大家不都在抱怨工作时间长，收入不理想吗？"司机先生说："没错，我也上有老下有小，一家子都指着我呢，所以开车时间只能跟着拉长为 14 个小时。不过，日子过得还算开心，我有个秘密……"他停顿了一下："说不定你也有用。"

他说："别看我没有受过先进的高等教育，但我总是会换个角度来想事情。

例如，我把出来开车看作是客人付钱请我出来到处游玩。像今天，就拿碰到你来说吧，是你花钱请我跟你到市里去玩，这不是很好吗？等到了市里，你去办你的事，我就正好可以顺道赏赏一下城市的景色。”他继续说：“像前几天我载一对情侣去水库看夕阳，他们下车后，我也顺道下来喝了碗羊汤，挤在他们旁边看了一会夕阳才走，反正来都来了嘛，更何况还有人花钱作陪呢？”

我突然意识到自己今天很幸运。既能坐车，心情又开心，这样的服务如今很难得，我决定跟这位EQ很高的司机先生要他的联系方式，以便以后有机会再联系他。他递给我名片的同时，手机铃声正好响起。从谈话中我猜到有位老客人要搭他的车去机场。看来喜欢他的不只我一位。良好的工作态度，不但替他赢到了心情，也必定带来更多的生意。

工作不景气，心情就更要争气。其实，行为本身并不能说明自身的性质，而是取决于我们行动时的精神状态。工作是否单调乏味，往往取决于我们做它时的心境。用一种愉悦的心情去面对每一件事，每一件小事，我们会惊喜地发现，有许多事情远非你所想象的那样枯燥无味，甚至有时会感到它竟然很有趣。

心理学家发现，快乐其实是一种习惯，不管大环境怎么变，EQ高手的快乐决心是不会被改变的。一个人的思想决定他的行为，一切改变之前最重要的是我们对工作态度的转变。当我们能换一种心态去看待自己的工作，并带着游戏般的愉快心情面对工作，你会发觉自己的内在能量强大许多，抗压应变的功力也因此大为增进，而这，也正是贯彻快乐决心的漂亮做法。

对待工作要充满热忱，这样才会有创造力。一切伟大的作品无一不是热忱和坚韧的产物。生活总是会不尽如人意，永不屈服，百折不回是成功的基础。

富兰克林说“有耐心的人，无往而不胜”。也许你会觉得工作很累，也许你会觉得需要处理的事情太过乏味，那么，从今天开始，从现在开始，抱着一颗热忱的心，抱着一颗热忱的精益求精的态度，投入到你所认为最平凡的事情中去吧，你一定会从其中发现乐趣的！

逆境是礼物，你笑纳了吗

在苏格兰，有一段路，其实顶上就是一片悬崖，所以人们称之为“黑暗里程”。在生活中，我们迟早也要走过这样一段幽暗而危机四伏的路程。

人生的际遇有时像朝阳一样可喜，有时像绵羊一样可亲，更有时像恶魔一样恐怖。可是，你万万想不到会一下子时运不济，处处遭遇打击，被人误解侮辱，压榨欺凌，如遇猛虎。更惨的是，有时厄运如同车轮，在你的头上压过，若无其事。

到了世途艰险、日夜不安的时候，我们该怎么办？单单说要行为正直善良还不够。当我们饱经忧患，四肢乏力，不能支持下去的时候；当我们历尽艰险，无法逃遁的时候；当我们的所爱所恋被剥夺时；或者当我们智穷计尽、信心受挫的时候，我们该怎么办？

在如此山穷水尽的时光，我们可以挺直了腰叫人家：“不要放弃成大事的念头，继续奋斗下去。”这句话说来很轻松，甚至有点惹人生厌。可是这种说法聪明不聪明呢？到底有谁他已到了穷途末路的时候，什么人才知道自己还有什么办法没有拿出来呢？

英国政治家兼政论家爱德蒙·培克晚年时，他挚爱的儿子不幸逝世，他的身体本来就很孱弱，当时英国也似乎已丧失了其一脉相承的传统精神，文化传统仿佛就要瓦解。所以他大声疾呼：“不要绝望，即使你觉得绝望，仍要在绝望中继续为成大事的目标工作下去！”他的确做到了不放弃，不颓丧，不屈服，仍在绝望中继续为成大事的目标工作下去。而另外一位处于困境中的人说：“坚持下去，我们的确会得到帮助。”就这样，在不得不觉间，坚忍自然产生了力量。

虽然英国政治家培克仍怀着丧子之痛，可是乌云终会转为白日的，时势也会转变。时间的确可以治愈许多人心头的创伤，它也改变许多事情，因而能使我们心头沉重的负担得以减轻。

约翰在威斯康星州经营一座农场，当他因为中风而瘫痪时，就是靠着这座农场维持生活。

由于他的亲戚们都确信他已经是没有希望了，所以他们就把他搬到床上，并让他一直躺在那里。虽然约翰的身体不能动，但是他还是不时地在动脑筋。忽然间，有一个念头闪过他的脑海，而这个念头注定了要补偿他的不幸的缺憾。

他把他的亲戚全都召集过来。并要他们在他的农场里种植谷物。这些谷物将用作一群猪的饲料，而这群猪将会被屠宰，并且用来制作香肠。

数年间，约翰的香肠就被陈列在全国各商店出售，结果约翰和他的亲戚们都成了拥有巨额财富的富翁。

出现这样美好结果的原因。就在于约翰的不幸迫使他运用从来没有真正运用过的一项资源：思想。他定下了一个明确目标，并且制定了达到此目标的计划，他和他的亲戚们组成智囊团，并且以应有的信心，共同实现了这个计划。别忘了，这个计划是因为约翰中风之后才出现的。

当你遇到挫折时，切勿浪费时间去算你遭受了多少损失；相反的，你应该算算看你从挫折当中，可以得到多少收获和资产。你将会发现你所得到的，会比你所失去的要多得多。

你也许认为约翰在发现思想力量之前，就必然会被病魔打倒，有些人更会说他所得到的补偿只是财富，而这和他所失去的行动能力并不等值。但约翰从他的思想力量和他亲戚的支持力量中，也得到了精神层面的补偿。虽然他的成功，并不能使他恢复对身体的控制能力，但却使他得以掌控自己的命运，而这就是个人成就的最高象征。他可以躺在床上度过余生，每天只为自己和他的亲人难过，但是他没有这样做，反而带给他的亲人们想都没有想过的安全。

长期的疾病通常会使我们不再看，也不再听。我们应该学习去了解发自内心深处的轻声细语，并分析出导致我们遭到挫折，甚至失败的原因。

凡是不能成大事者，都有一个通病，即在失败、挫折面前一蹶不振，从而在任何事情以前都没有信心，甚是脆弱得像一棵小草。他们经常说的一句话是："啊！我没有能力做这件事，真的，我好怕。"这种话，除了给自己留一条时刻打退堂鼓，为自己的失败寻找借口之外，没有任何积极的意义。

在与成大事者交往的过程中，你会发觉他们都拥有着一个共同特点——心思巧妙。这些人中虽有受过良好教育者，但未接受教育者也大有人在。而赋予他们如此之心思和促使完成大事的主要因素，与是否接受过正式学校教育丝毫没有关联，也并非具有与众不同的智慧之脑。很可能是其内心有着某种意念驱使他们产生强大的愿望，将人生一切不幸加以过滤，只剩下能够达成信念、深具利用价值的事物，然后再加以运用的结果吧！这种理念亦即追求成大事的意志。

对一个由弱而成大事者而言，他始终在克服自己生存的劣势，而发挥自己生存的优势——每天都是新的一天，就等于不要把过去的悲伤、痛苦带到今天来。每天都是一个新的开始，每个早晨都是重新被创造出来的世界。

重视今天就等于重视现在自己的生存，而把应该做的事拖延到以后才做，就等于不重视自己的生命。把握住现在正生存着的生命，并且好好地走下去，也就是把时时刻刻出现在自己生命的“现在”充分地活用下去的意思。如果无法做到这点的话，我们可能会失去一切。

把过去到昨天为止所有令你苦恼、悲伤或失败的事，都作为上天恩赐的礼物吧。当清晨天明时就去面对一个崭新的挑战，抹掉旧的悲伤和过去的罪恶，那些未来可预知的痛苦，也要完全擦拭掉。虽然过去是失败的连续，但不管过去怎样，也不管将来可预想到的阻碍是如何，我们都必须把握今天勇敢又坚强地发挥自己的优势，把成大事者的天梯搬到自己的面前。

自己的感觉，自己相信

小镇上有一个漂亮的女孩子，从小，家境贫寒，所以长大了她立志要嫁个有钱的男人。

托上帝的福，她如愿以偿了。丈夫是当地最年轻的副县级干部，并一路顺风地继续进步着。小两口从小屋搬到了大屋，从平房搬到了楼里。那位年轻漂亮的女孩在人们的赞叹和艳羡的眼光中快乐地生活了一年又一年。只是最近聪明的邻居发现女孩变得忧伤了起来，因为年过 30 的她一直没有小孩。事实上，女孩在结婚的第二年怀孕了，只是因为大夫说是女孩的，她便毅然打掉了孩子。也许还年轻，也许她认为自己会生一个和丈夫一样出色的男孩……不知是不是她的举动触怒了神灵，总之，该来的始终没有来。每次路过幼儿园，女孩都会停下来，和忙碌的家长分享一会儿为人父母的幸福。为此，她在全国各地接受了数十次的穿刺、透水、腹腔镜之类的手术，但最终还是没有实现“当母亲”的愿望。她说：“如果我能有一个自己的孩子，不论男女，我都可以为他付出一切。有时，我甚至羡慕那些抱着娃娃在街上乞讨的流浪女人……”

常言道：当幸福降临时，请善待它。这位可怜的女人是否应该受到过多的指责暂且放在一边，但她的故事总让人感到太多的遗憾。那些已为人父母的和即将准备为人父母的人们一定会有更深的感悟。

古人说得好：“花开堪折时直须折，莫待花落空折枝。”忽视了自己眼前拥有的东西，当花谢残红，你只能看到飞红万点惆怅悲伤，任泪眼问花，得到的只是枝头一片空寂的沉默。珍惜拥有的幸福，才不会让自己觉得失落，才不会觉得生活的原野一片荒芜。

其实，羡慕乞丐的远不止女孩一人。我有一个同学，热衷于买彩票，做梦都想变成富翁，去年竟误打误撞，中了 500 万。消息不胫而走，亲戚、朋友、三乡四邻、十八竿子打不到的人都来看他，名义上是来祝贺，事实上都是来借钱的。有的没达到目的，甚至扬言要用武力。最后逼得他不得不丢开故乡，跑到大城市里隐姓埋名。他所热爱的老家那几亩水田，那几头快下犊子的奶牛，以及养育了他家世世代代的老木屋……都只能在梦里出现了。

他和自幼生活在农村里的老父老母，对大城市拥挤而陌生的环境充满了憋屈和无奈的情绪。他几乎没有一天不担心身后随时会出现一个举着杀猪刀的人来分享他的意外之财。他也因此开始失眠，以往不请自来的瞌睡居然从此不再光顾他。有一次，他红着眼睛对我说："我觉得我不是富翁，我是一个众叛亲离的逃犯，有时，我真羡慕那些在街边倒头就能睡着的乞丐。"

我把这个故事讲给了一位开宝马车的女老板，她听后，深有同感地说："在她被老公抛弃后的某一天，独自开车在街头闲逛，看见一位收破烂男人正艰难地将板车往坡上推，而板车上睡着的是他的妻子，一个脸上脏兮兮却有幸福笑容的农村胖女人。那一刻，我的眼泪夺眶而出。当时，我多么希望自己就是那一个女人啊。"

其实，每个人都有别人所羡慕的。富翁有少年羡慕的房子车子和财富；少年有富翁羡慕的年轻体魄、如火的激情和飞扬的梦想。白领女强人拥有下岗女工羡慕的名誉、地位和收入；而下岗女工则拥有白领女强人所羡慕的准时回家吃饭的老公。

生活就像一盘自己调制的凉菜，其中的淡与咸只有吃菜的人才会知道。

信念在挫折中发光

一位搏击高手参加比赛，自负地以为一定可以夺得冠军，却不料在最后的竞赛上，遇到一个实力相当的对手。双方皆竭尽了全力出招攻击，搏击高手警觉到，自己竟然找不到对方招式中的破绽，而对方的攻击往往能够突破自己的防守。

他愤愤不平地回去找他的师父，在师父面前，一招一式地将对方和他对打的过程再次演练给师父看，并央求师父帮他找出对方招式中的破绽。

师父笑而不语，在地上画了一道线，要他在不擦掉这条线的情况下，设法让这条线变短。

搏击高手苦思不解，最后还是放弃继续思考，请教师父。

师父在原先那条线的旁边，又画了一道更长的线，两者相较之下，原先的那条线看来变得短了许多。

师父开口道："夺得冠军的重点，不在于如何攻击对方的弱点。正如地上的长短线一样，只要你自己变得更强，对方正如原先的那条线一般，也就无形中变得较弱了。如何使自己更强，才是你需要苦练的。"

大自然的法则就是：物竞天择，适者生存。现在是竞争时代，这是世人皆知的道理。人们所欣赏的那些成功人物都是通过竞争和不断地创新而逐渐脱颖而出，成为各个领域的佼佼者的。他们具有常人所不具备的坚韧毅力，勇于创新，不断进取。真可谓与天奋斗，其乐无穷；与地奋斗，其乐无穷；与人奋斗，其乐无穷！

天才人物并不是天生的强者，他们的竞争意识与自我创新力并非与生俱来，而是后天的奋斗逐渐形成。通过学习，谁都能有胆有识，敢于竞争，敢于创新。

不要因为弱小而不敢与人竞争，也不敢轻易创新。弱者有自己生存的方式，只要相信弱者不弱，勇敢面对敌人，我们同样能培养出竞争意识和自我创新力。

从香港渔村南丫岛闯到好莱坞的国际演星周润发，曾从事过不少现在年轻人嗤之以鼻的工作，他以亲身经历向年轻人说明，职业无分贵贱，要学习适应逆境。

发哥说：“工作无分贵贱，我做过电子厂、信差、BellBoy（门僮）与杂工，日薪8元我都做过。电视台第一份合约月薪500元、第二年700元，最红时拍电视剧《狂潮》，月薪也只是700元。那又怎么样？有工作寄托起码有奋斗心，不要说‘贡献社会’那么伟大，但可以证明自己的存在价值。工作是人生经历，我的工作经历，对演艺生涯十分有帮助，每个行业的人都要靠经验摸索成长。”

发哥勉励处于逆境的人：自己面对困难、逆境从没有灰心过，关键是以平常心面对。

自然界有一条定律，弱者自有自己的空间。的确，无论强者弱者都有一套适应自然法则的本领，只要你认真地生活着，并不十分在意自己的强大与弱小，只要拥有自己的游刃有余的空间，充分发挥自己的优势，到那时，你的优势会弥补你的不足，你定能获得别人也许苦苦求索也无法得到的东西。

面对屈辱，让它成为动力而不是压力

说到屈辱，最广为人知，最被人称道的，恐怕就是韩信受胯下之辱的事迹了。韩信年轻时，家穷，整日游手好闲，什么都不愿干，他身强力壮，却靠讨饭过生活，表面上一无所长，家乡人都瞧不起他。

有一天，一群无赖拦住韩信，其中一个说："如果你有胆量不怕死，你就把我杀了；如果你怕死，就从我的裤裆下钻过去，否则绝不和你善罢甘休。"韩信狠狠盯着他，手不自觉地攥紧了，过了许久，他松开手，趴在地上，居然从那人胯下爬过去。为此，家乡人更瞧不起他。

屈辱，可以成为泯灭一个人理想之火的冰水，也可以成为鞭策一个人发奋成功的动力。我们可以非常合理地推测，如果没有这次胯下之辱，韩信还会不会为我们后人所知，还真值得怀疑。韩信的成功，是他没有被屈辱打倒，而是从屈辱中奋起。我们现在已无从知道韩信当时的心理感受，但从文字描述来看，有人认为彼时彼境的他，可能更多的考虑是看到对方人多。而我们则认为他深知"小不忍则乱大谋"，为图将来干大事暂且不在意这种屈辱。

像韩信这种胯下之辱，我们可能亲身经历的不多，但一个人被数人围攻打劫，遭受屈辱和韩信胯下受辱有相似之处。不同的是，韩信从胯下爬过去后，站了起来，而且站到了人前头，我们更多的人是爬了过去，却没有站起来或站起来却永远地弓着腰。

遭受屈辱对韩信来说变成了好事。而对更多的人来说，却是一件坏事，沉甸甸地坠在心底，就像邪恶的痛苦种子，种在心底幸福的土壤中，随时都会伸出它恶毒的牙齿，刺一下你的幸福。

心理学家认为：人有三大精神能量源——创造的驱力，爱情的驱力，压迫、歧视的反作用驱力。屈辱就是一种精神上的压迫，屈辱就像一根鞭子，既能鞭策你鼓足勇气，奋然前行，也会鞭打得你鲜血淋淋，体无完肤。而鞭柄，握在你自己手里。

受辱的人，会有三种不同的情况。一种情况是像韩信那样从此振作起来，有所作为；一种情况是从受辱的阴影中走出来，但仍然不会有作为；再有一种情况是根本从受辱的阴影中走不出来，从此萎靡不振、意志消沉，就此破罐子破摔。

善于从屈辱中学习，实在是成就业绩的一个重要因素。记得一位先哲说过，无论怎样学习，都不如他在受到屈辱时学得迅速、深刻、持久。屈辱使人学会思考，体验到顺境中无法体会的东西；它使人更深入地去接触实际，去了解社会，促使人的思想得以升华，并由此开辟出一条宽广的成功之路。

能够从屈辱中走出来，即使没有像韩信那样的大作为，也是人生的一种成功。

当然，要把屈辱变成成功的动力并不是件容易的事。这里有几法提出来以供参考："儿子打老子"，用阿 Q 精神胜利法将受辱的不快排除去；设身处地地想想比你受辱更大的事例，"原来还有比我更惨的"，以此法来宽慰自己。

风物长宜放眼量，受一时之辱，换得未来个人价值的实现事业的成功是值得的。

失意也不可失志

人从记事始，便在得意与失意之间生活。得意时，如浸泡在蜜水之中，欢悦万分；失意时，如含黄连，苦不堪言。

失意并非只是不得志，一切希冀未果，均属失意范畴。求时学，一次考场败北，是失意；工作上，事业无成，是失意；求爱的当儿，遭拒绝，是失意。失意无时不有、无处不在。一次失意，如同品尝一次人生的苦辣，一次失意，是对人生的一次考验。尝过一回苦辣，历经一次考验，你便跨过人生的一个坡坎，你便超越一次自我。

失意，并非你低人一等矮人一截，也不是你智商低下，而是因失意像得意一样相随相伴人生。失意是得意的反面，无得意也便无失意可言。得意有时会使人头顶猪尿泡不知轻重而失却明智，得意有时会因无尽的恭维而无视教训。

失意，会使你冷静地反思自责，使你能正视自己的缺点和弱项，努力克服不足，从而驾驭生命的帆船，乘风破浪，以求一搏，从失意的废墟上重新站起。失意，会使人细细品味人生，反复咀嚼苦辣，培养自身悟性，不断完善自己，失意而不失志，痛定思痛，重创业绩。失意，不是一束鲜花而是一丛荆棘。鲜花虽令人怡情，但常常使人失去警惕；荆棘虽叫人心悸，但却使人头脑清醒。

失意，犹如逆境，而逆境是到达理想境界的通途。英国学者贝弗里奇曾说过：“人们最出色的工作，往往在处于逆境的情况下做出，思想上的压力，甚至肉体上的痛苦，都可能成为精神上的兴奋剂。”善待失意，常常会产生一种无形的鞭策，催人奋进。

失意，是一帖清醒剂，而清醒剂是一条鞭子，它使人知不足。知不足则思学习，学习便有知识，知识愈多，愈能善待失意，将失意当做攀登时的手杖。

失意，是一面镜子，而镜子能照见人的污浊。见污而不怒，悉心审视自身，再闯新路。一次失意就灰心失望的人，永远是个失败者。善待失意，因为人生本就是一场无休止的战斗，而失意便是无形的敌人，善待失意就能战胜失意。

人生得意，可歌可泣；人生失意，亦需善待。因为人生难免不如意，每个人的一生中，随时都会碰上湍流和险境，如果低下头来，看到的只是险恶与绝望，在眩晕之中失去了生命的斗志，就使自己坠入地狱里。而我们若能抬头，看到的则是一片辽远的天空，那是一个充满了希望的并让我们飞翔的天地。

人生像是一条水流，历史就像是融合了许多水流的大江。你无法离开大江，但你又发现大江里布下了一些礁石，大江上或有着狂风，江水流着流着会出现急剧的转弯、急剧的下降和攀升，以及歧路和迷宫。

人生也像一艘船，人自身就是开船的舵手。在成长、学习、工作、生活诸事中，我们不可能花好月圆，一帆风顺，而没有失意和挫折。总会遇到这样那样的、或多或是少的失意，如高考失利，仕途无望，商海折兵等。倘若我们在失意时浑浑噩噩、一蹶不振，只会失意又丧志，最后亲手葬送自己的前程。相反，如果我们从中分析原因，吸取教训，完善自己，避免今后再走相同的或相似的弯路，那你已实实在在地踏上了成功的路。

其实，失意不是人的必需，而是人的必经。因为不经风雨怎见彩虹，你没受过风浪的冲击，你的意志就得不到锻炼，心灵就承受不了艰难困苦的洗礼。俗话说“大树底下长不出好草”。任何一个人想成就一番事业，就须迎击生活风浪，笑傲风云，因为有挫折才会奋起，有失意才会求荣。不要因一次挫折而折断人生奋进的脊梁，也不要为一次的失意而放弃人生的追求，而应“吃一堑长一智”，在痛苦和磨难中调整向新目标冲刺。

面对失意，不能失志。燕子去了，有再来的时候；杨柳枯了，有再绿的时候；桃花谢了，有再开的时候……调整自己的心态和情绪，扬起前进的风帆，校正人生的坐标和航线，重新寻找和把握机会，找到自己的位置，自己的光源，自己的声音……

挫折中的“金子”，你找到了吗

当身处挫折和绝境时，一定要头脑冷静，不要被吓倒。只要你的头脑保持敏锐，眼光放长远，就能找出自我优势，那么，绝境对于你来说，就只是暂时的了。

50年代初，台湾经济处于恢复时期，急需发展纺织、水泥、塑胶等工业。化学工业基础雄厚的“永丰”老板何义到国外考察后，看到国际市场塑胶业技术先进，竞争激烈，自己难有立足之地，便打起了退堂鼓。王永庆，名不见经传，竟决定投资塑胶业，因而招来了社会的非议，“何义都不做的事业，一定难做”“不懂行情”“不识时务”，王永庆面对非议并没退缩。

1954年，他筹措50万美元，创办了台湾第一家塑胶公司。1957年建成投产。事情的发展果然不出何义所料：当台塑的原料生产出来时，日本等国的同类产品滚滚而来，充斥台湾市场，况且物美价廉，占有了绝大部分市场。而台塑产品严重滞销，仓库爆满，股东们也心灰意冷。王永庆当时陷入了绝境。

面对着初战失利，王永庆并没有泄气，他自有他的计划。他认为台湾当时是国际烧碱生产基地之一，而烧碱过程中有70%的氯气被弃置不用，实在太可惜，而氯气是塑胶生产的主要原料。他所有的优势是充足而廉价的原料。

世界上失败的人很多，但不一定都能爬得起来。只有检讨反思，总结教训，找出失败的原因，奋起直追，才能置之死地而后生。王永庆认准的就是这一个理，检讨才是成功之母。

台塑一定要办下去。经过一番“检讨”，王永庆采取了两条令人吃惊的措施：其一，针对供过于求的矛盾，他以常人所没有的胆识，采取了近似于“以毒攻毒”的策略：大幅度增加产量来压低成本和售价，从而获得压倒一切的竞争能力。对此台塑的股东一致反对。于是，他毅然购下台塑所有股权，独自经营，我行我素。其二，造成当时濒临绝境的另一个重要原因是，与他连锁的加工厂对自己的产品不愿降低售价，致使销售量无法大幅度增加，因而对塑胶原料的需求量不旺。王永庆对他们动之以情，晓之以理，百般劝说无效后，他以义无反顾的决心，敢于拼命的勇气，毅然成立了自己的加工厂——南亚塑胶厂，从而建立起塑胶原料与加工相连贯的“一体发展体系”。

国外大企业物美价廉的威胁并不可怕，关键看你采取什么样的竞争对策。由于王永庆改变了台塑的经营策略，又力求把台塑建成高效能、低消耗的企业，台塑的产品逐渐打开了销路，站稳了脚跟，继而逐步扩大再生产。台塑这条“小鱼”不仅没有被“大鱼”一口吞掉，反而更加成长壮大，到目前已成为台湾唯一进入“世界化工企业50强”的企业。

绝境并不可怕，准确定位自我优势，就是突破绝境的利器。

很多人找不到自己的优势所在，就是因为被困难吓怕了，抱着一种悲观消沉的态度，不是盲人，胜似盲人。

如果你够积极，够主动，就能从一粒沙石中看见世界，通过主客观情况的分析比较，就能找到自己的优势和希望所在。

心态平和，便是阳光明媚

有个商人因为经营不善而欠下一大笔债务，由于无力偿还，在债权人频频催讨下，精神几乎崩溃了，他因此萌生了结束生命的念头。

苦闷至极的他，有一天独自来到亲戚的农庄拜访，心里打算在仅有的时间里，享受最后的恬静生活。

当时，正值八月瓜熟时节，田里飘出的阵阵瓜香吸引了他。守着瓜田的老人看见他到来，便热情地摘了几个瓜果，请他品尝。不过，心情仍然低落的他，一点享用的心情也没有，但是又无法拒绝老人家的好意，便礼貌地吃了半个，并随口赞美了几句。

然而，老人家听到赞扬，却非常喜悦，他开始滔滔不绝地诉说着自己种植瓜果所付出的心血与辛苦：

“四月播种，五月锄草，六月除虫，七月守护……”

原来，他大半生都与瓜秧相伴，流了不少汗水，也流过许多泪水。在瓜苗出土时，遭遇旱灾，但是为了让瓜苗得以成长，老人家即使每天来回挑水也不觉得辛苦。

又有一年，就在收获前，一场冰雹来袭，打碎了他的丰收梦；还有一年，金黄花朵开得相当茂盛时，一场洪水让这一切都泡汤了……

老人说：“人和老天爷打交道，少不了要吃些苦头或受些气，但是，只要你能低下头，咬紧牙，挺一挺也就过去了。因为，最后瓜果收获时，仍然全部都是我们的。”

老人指着缠绕树身的藤蔓，对着心事重重的商人说：“你看，这藤蔓虽然活得轻松，但是它却是一辈子都无法抬头！只要风一吹，它就弯了，因为它不愿靠自己的力量活下去。”

这番话让商人醒悟了过来，他吃完手中剩下的半个瓜果，在瓜棚下的椅子上放了 100 元，以示感激，翌日便踏着坚毅的步履离开了农庄。

五年后，他在城市里重新崛起，并且成为一个现代化企业的老板。

人生在世，谁都会遇到挫折，适度的挫折具有一定的积极意义，它可以帮助人们驱走惰性，促使人奋进。挫折又是一种挑战和考验。英国哲学家培根说过："超越自然的奇迹多是在对逆境的征服中出现的。"关键的问题是应该如何面对挫折。

当挫折站在我们的面前时，我们开始了选择。正如世上没有完全相同的树叶一样，人与人的选择也是不尽相同的。我们可以选择放弃挫折，绕道而行，不必为了遇到挫折而难过，也不用去付出什么努力；我们也可以选择正面地迎接挫折，毫无畏惧，虽然我们为此付出了辛勤的劳动，可是我们却可以收获战胜困难的喜悦与兴奋，也有了今后战胜困难的勇气。

当挫折来临时，我们首先要培养自己的一颗平和心。所谓平和心，并非自甘平庸缺乏进取，而是以一种平静的心态耕耘在自己人生的土地上，不人浮于事，不随波逐流，踏踏实实履行自己生命的职责。

我们不仅要以一颗平和心去面对挫折，面对困难，面对失意，也要以平和心面对成功，面对顺境，面对得意。不管自己的人生处于怎样的状态，都要始终以一颗平和心走好自己的人生路。成功不值得骄傲，那不过是人生的一个小站；失败不值得悔恨，那不过是一不小心走错的一段路，纠正方向从头再来；失意不要沮丧，一年四季里，肯定有风雨交加的时候，要明白，只有狂风大雨才能一洗空气中的尘埃，当空气中的尘埃被洗涤殆尽时，是空气最清新、阳光最明媚的时候。这便是平和心，这便是人生路。当你以一颗平和心走过人生的风风雨雨，你才能看到那金色的果实。

人生是对信念的考验，相信奇迹

克罗地亚的塞拉克可说是世界上最倒霉的人了，关于他的事迹可谓层出不穷。

他一生中经历过 7 次大难、4 次失败婚姻，可谓“最不幸的人”。

塞拉克所经历的人生第一次灾难是 1962 年。当时他正坐火车从萨拉热窝到杜布洛夫尼克去，火车行驶在半路上时发生意外，快速行进中的火车出了轨，坠入一条冰冻的河流。17 名乘客溺水而死，塞拉克的一只胳膊碰断了，身体部分擦伤，体温降到很低水平，但他仍艰难地游上河岸。

一年以后，塞拉克乘坐一架 DC-8 型飞机从萨格勒布到里耶卡去，这次又遇上了意外事故。飞机的舱门被强风吹开，机上大部分乘客被强大的气流吸了出去，塞拉克也未能幸免。19 人被摔死，但塞拉克最后却“降落”在一座干草堆上，再次躲过了一劫。

1966 年，塞拉克在斯普利特所乘坐的一辆巴士汽车翻入一条河里，致使 4 人丧生。塞拉克爬到车外，游到安全的地方。除了身上部分地方有擦伤、划伤之外，他的健康根本没有什么大碍。

塞拉克所遭受的第 4 次大灾发生于 1970 年。当时他正开车沿着一条高速公路行驶，不知怎么回事，他的车子突然起火了。没有多想，他便赶忙钻出车外，迅速离开了出事的汽车，几秒钟后，汽车的油箱爆炸了。

经历过以上 4 次大难而不死后，朋友们开始称呼他为“幸运先生”，他表示：“对这个问题可以有两种不同的看法，我要么是世界上最倒霉的人，要么是世界上最幸运的人，我喜欢相信后一种观点。”

三年后，塞拉克在一次事故中丢掉了大部分头发。那时候，他开的是一辆“沃特伯格”汽车。有一天，汽车的燃油泵出了点毛病，他正低头检查时，燃油泵喷出的汽油浇在了烧得正热的发动机上，火苗通过发动机的气孔立即蹿了起来，他躲闪不及，头发被烧掉了大部分。

1995 年，第 6 次变故来临了。他在萨格勒布被一辆巴士汽车给撞倒在地上，不过还好，他只是受了点轻伤，休克了一会儿。第二年，他自己开车在山区行驶，车到一处山角转弯时，一辆联合国工作人员乘坐的汽车迎面开了过来。情急之下，他把自己开的斯科达汽车往山崖边上的交通护栏上开去，车子越过护栏开始向下坠去，塞拉克在最后一刻跳出了司机座位，落在悬崖上的一棵树上，他的车在他身下 300 英尺深的山谷爆炸了。

据塞拉克自己讲，他先后结过 4 次婚，但每次都以失败而告终。

可 2003 年发生的一件事情让他成了“世界上最幸运的人”。40 年来从未买过幸运彩票的他买了有史以来的第一张乐透彩票，结果他竟中了头奖！这使得他一下子得到 60 万英镑的巨额奖金。赢得 60 万英镑大奖后，塞拉克表示，“我想，我的婚姻和我经历的大灾大难一样，对我来说也都是灾难。”

这位从“最不幸运的人”变为“世界上最幸运的人”的人今年已经 74 岁，在确认自己赢得大奖的消息后他高兴地说：“现在我准备好好地享受生活了，我感到自己好像获得了新生。我知道这么多年来上帝一直在关注着我。”塞拉克准备拿这笔钱买一座房子、一辆汽车，再买一艘快速游艇，然后再和比自己小 20 岁的女友结婚成家。

如果他没有得到最后的幸运，他是不是就该感到绝望呢？一个 74 岁高龄的老人，在生命即将燃尽的时候，还能对人生有什么期待呢？然而奇迹却发生了。人生其实是对信念的一种考验，而灾难绝不会永存。

否极泰来，相信这一切

宾夕法尼亚州匹兹堡有一个女人，她已经34岁了，过着平静、舒适的中产阶层的家庭生活。但是，她突然连遭四重挫折的打击。丈夫在一次事故中丧生，留下两个小孩。没过多久，一个女儿被烤面包的油脂烫伤了脸，医生告诉她孩子脸上的伤疤终生难消，母亲为此伤透了心。她在一家小商店找了份工作，可没过多久，这家商店就关门倒闭了。丈夫给她留下一份小额保险，但是她耽误了最后一次保费的续交期，因此保险公司拒绝支付保费。

碰到一连串不幸事件后，女人近于绝望。她左思右想，为了自救，她决定再做一次努力，尽力拿到保险补偿。在此之前，她一直与保险公司的下级员工打交道。当她想面见经理时，一位多管闲事的接待员告诉她经理出去了。她站在办公室门口无所适从，就在这时，接待员离开了办公桌。机遇来了。她毫不犹豫地走进里面的办公室，结果，看见经理独自一人在那里。经理很有礼貌地问候了她。她受到了鼓励，沉着镇静地讲述了索赔时碰到的难题。经理派人取来她的档案，经过再三思索，决定应当以德为先，给予赔偿，虽然从法律上讲公司没有承担赔偿的义务。工作人员按照经理的决定为她办了赔偿手续。

但是，由此引发的好运并没有到此中止。经理尚未结婚，对这位年轻寡妇一见倾心。他给她打了电话，几星期后，他为寡妇推荐了一位医生，医生为她的女儿治好了病，脸上的伤疤被清除干净；经理通过在一家大百货公司工作的朋友给寡妇安排了一份工作，这份工作比以前那份工作好多了。不久，经理向她求婚。几个月后，他们结为夫妻，而且婚姻生活相当美满。

你看，挫折真的不会长久延续下去。有位名人说过“没有永久的幸运，也没有永久的不幸”，这个例子足以印证这句名言。挫折虽然令人忧愁，令人不快，甚至给人不断的打击，但挫折的一个“致命弱点”，就是它不会持久存在。

所以那些接二连三地遇到倒霉事件，哀叹自己“倒霉透顶”的人，一定要相信——迟早一天我会转运。

正确认识生活，换个角度看待自己

要正确地认识生活，还应该善于变换角度看待自己。

譬如照相，同一景物，从不同角度拍摄，就会得到不同的形象。对待生活也是这样。我们应当看到，偶然与不幸是生活的组成部分，但它仅仅是生活的一小部分。在我们的整个生活中，还有那么多的欢乐和幸福的事情，我们为什么不去注意它们，而要对自己的一些创痛念念不忘呢？有的人在生活袭来时，就觉得自己是天底下最倒霉的人。其实，事情并不完全是这样。也许你在某件事上是“倒霉”的，但你在其他方面可能依然很幸运。和那些更不幸者相比，你或许还是一个十分幸运的人。英国作家萨克雷有句名言：“生活是一面镜子，你对它笑，它就对你笑；你对它哭，它也对你哭。”的确，如果我们以欢悦的态度微笑着对待生活，生活就会对我们“笑”，我们就会感受到生活的温暖和愉快。而我们如果总是以一种痛苦的、悲哀的情绪注视生活，那么生活的整个基调在我们心中也就会变得灰暗了。

我们还可以这样认识顺境和逆境：人们固然乐于接受顺境，不欢迎逆境，但是，逆境也可以砥砺人生，增长人的才干，使人通过破除障碍和不良情绪而得到新的突破与发展，心理达到更高层次的平衡；而顺境，则也可能使人怀安丧志，一事无成。中国古代有个故事，说的是公元前657年，晋国君主晋献公听信夫人骊姬谗言，逼死太子申生，逼公子重耳出逃在外。重耳立志回国继位，振兴家园。后来，他在齐国娶了妻子，又接受了齐桓公馈赠的20辆马车，很感满足。其妻见状，痛心疾首，劝勉他：“行也！怀与安，实败名！”意思是：您且行动吧，满足现状是会毁掉一个人的前途的！重耳从此振作起来，几年后夺回了王位。根据这个故事，人们引申出“怀安丧志”这个成语，告诫人们：迷恋、苟安于享受，就会变成碌碌无为的庸人。

水可载舟，亦可覆舟。顺境和逆境，在一定条件下是会互相转化的。面临生活时我们如果能够适当地变换思维的角度和方式，多从其他方面重新评价和审视所遭遇的生活，也会有助于摆脱自己所处的困境。

第六章

宽容在心，自然明媚安静

人生是一个质数，总有它除不尽的地方，生活不会永远像清晨的阳光那样温馨明朗，也不会像无风的蓝天中飞翔的鸟儿那样舒适安逸，与人相处也好，与自己相处也罢，总是有很多矛盾、烦恼、苦难……于是很多人悲叹生命的短暂和生活的艰辛，其实人生就是这样，得失无常，唯有常存安静之心，常存宽容之心，优雅的人生，就是用平静的心，平和的心态去对待他人和自己。一切取决于心态，安静下来，让自己的心灵得到慰藉，慢慢阳光就会照进来。

相遇是缘，请珍惜

在回家的公车上，转程靠站时，乘客顿时多了起来。一对上班族男女恰巧在我身边，吸引了我的目光。可能因为人多，男的不时地将手臂围住女的，并轻声地问“累不累?”“待会想吃些什么?”只见女的不耐烦地回答：“我已经够烦了，吃什么都还不先决定，每次都要问我。”男的一脸无辜地低下头，而后说了令我印象深刻的话，“让你决定是因为希望能够陪你吃你喜欢的东西，然后看到你满足的笑容，把今天工作的不愉快暂时忘掉。我的能力不足，你在工作上所受的委屈我没法帮你，我所能做的也只有这样”。女的听了后，满怀愧疚地说声对不起。男的这才似乎重燃信心般说：“没关系，只要你开心就好。”而后亲吻了女的头发。

公车到站，下车前再回头看看这对情侣，男的依旧保护着心爱的人。这样的情景，让我觉得自己今天同样在工作上有些许不愉快，如果没有听到这一段对话，回家后的我，可能也是一副全世界都对不起我的臭脸面对心爱的人，只在乎自己的委屈，却忽视了对方的感受，不自觉地伤害最亲密的人。所以在踏进家门时，我告诉自己，难道我要像公车上那位女孩一样忍心将自己的不满委屈带给身旁的人吗？不，我想我现在应该做的是别再把工作上的情绪发泄在心爱的人身上，破坏了最亲密的关系，并且主动给自己一个微笑。

相遇，不是用来生气的，说得真好，当自己快抓不住情绪时，想想这句话，应该会让烦忙的生活，加些微笑的因子吧！

相遇，不是用来生气的，有一位金代禅师非常喜爱兰花，在平日弘法讲经之余，花费了许多的时间栽种兰花。有一天，他要外出云游一段时间，临行前交代弟子要好好照顾寺里的兰花。在这段时间，弟子们总是细心照顾兰花，但有一天在浇水时却不小心将兰花架碰倒了，所有的兰花盆都跌碎了，兰花散了满地。弟子们都因此非常恐慌，打算等师父回来后，向师父赔罪领罚。

金代禅师回来了，闻知此事，便召集弟子们，不但没有责怪，反而说道“我种兰花，一来是希望用来供佛，二来也是为了美化寺庙环境，不是为了生气而种兰花的。”金代禅师说得多好。“不是为了生气而种兰花的。”而禅师之所以看得开，是因为他虽然喜欢兰花，但心中却无兰花这个碍。因此，兰花的得失，并不影响他心中的喜怒。

同样地，在日常生活中，我们牵挂得太多，我们太在意得失，所以我们的情绪起伏，我们不快乐。在生气之际，我们如能多想想，“我不是为了生气而工作的。”“我不是为了生气而教书的。”“我不是为了生气而交朋友的。”“我不是为了生气而作夫妻的。”“我不是为了生气而生儿育女的。”那么我们会为我们烦恼的心情辟出另一番安详。

所以看完之后，当你要和人吵架时，一定要记得，你们的相遇，不是用来生气的。

用错误来惩罚别人，没有结果

英国作家托马斯·富勒曾经写道："失足引起的伤痛很快就可以恢复，然而，失言所导致的严重后果，却可能使你终身遗憾。"

一个人若想和上司、同事间建立良好的人际关系，一定要记住：保持适当距离，做事公私分明，尤其要注意，言谈之间不要说到别人的痛处，更不要轻易指责别人。

弗兰克林年轻的时候不仅善辩，而且十分好辩。只要听到身边的人说出不正确的话，做出不正确的事，他就忍不住要给人指出来。如果那个人不服气，他一定把人辩得体无完肤。结果得罪了不少人。

一天，一位教友会里的老教友把他叫到一边，结结实实地把他训了一顿："弗兰克林，你太不应该了。你打击跟你意见不合的人。现在已没有任何人理会你的意见。你的朋友发觉你不在场时，他们会获得更多的快乐。你知道的太多了，以致再也不会有人告诉你任何事情……其实，你除了现在极有限度的知识外，不会再知道其他更多了。"

弗兰克林之所以能成功，成为美国历史上一位以能干、和蔼和善于外交而著名的人物，要归功于那位老教友尖锐有力的教训。那时弗兰克林的年纪已不小，有足够的聪明来领悟其中的真理。他已深深知道，如果不痛改前非，将会遭到社会的唾弃。所以他把自己过去所不切合实际的人生观完全改了过来。

后来，弗兰克林在他的传记中这样写道："我替自己定了一项规则，我不让自己在意念上跟任何人有不相符的地方，我不固执肯定自己的见解。凡有肯定含义的字句，就像'当然的'，'无疑的'等话，我都改用'我推断'，'我揣测'，或者是'我想象'等话来替代。当别人肯定地指出我的错误时，我放弃立刻就向对方反驳的意念，而是作婉转的回答，如：在某一种情形下，他所指的情形是对的，但是现在可能有点不同。不久，我就感觉到，由于我态度改变所获得的益处：我参与任何一处谈话的时候，感到更融洽、更愉快了；我谦虚地提出自己的见解，他们会快速地接受，很少反对；当我被人们指出我的错误时，我并不感到懊恼。在我‘对’的时候，我更容易劝阻他们放弃他们的错误，接受我的见解。这种做法，起先我尝试时，‘自我’很激烈地趋向敌对和反抗，后来很自然地形成习惯了。在过去五十年中，可能已没有人听我说出一句武断的话来。在我想来，那是由于这种习惯的养成，使我每次提出一项建议时，都得到人们热烈的支持。我不善于演讲，没有口才，用字艰涩，说出来的话也不得体，可是大部分有关我的见解，都能获得人们的赞同。”

弗兰克林的方法，用在商业上又如何？

纽约自由街114号的玛霍尼，出售煤油业专用的设备。长岛一位老主顾，向他订制一批货。那批货的制造图样已呈请批准，机件已在开始制造中，可是一件不幸的事忽然发生了。

这位买主跟他的朋友们谈到这件事，那些朋友提出了多种见解和主张，有的说太宽太短，有的说这个那个。他听朋友们这样讲，顿时感到烦躁不安起来，立即打了个电话给玛霍尼，说绝对拒绝接受那批正在制造中的机件设备。

玛霍尼先生说出当时情形：

我很细心地查看，发现我们并没有错误……我知道这是他和他的朋友们，不清楚这些机件的过程。可是，如果我直率地说出那些话来，那不但不恰当，反而对这项业务的进展非常不利。所以我去了一趟长岛。

我刚进他办公室，他马上从座椅上跳了起来，指着我声色俱厉，要跟我打架似的。最后他说：“现在你打算怎么办？”我心平气和地告诉他，他有什么打算，我都可以照办不误。

我对他这样说：“你是出钱的人，当然要给你所适用的东西。如果你认为你是对的，请你再给我一张图样。虽然由于进行这项工作，我们已花去两千元。我情愿牺牲两千元，把进行中的那些工作取消，重新开始做起。不过我必须把话先说清楚，如果我们按你现在给我的图样制造，有任何错误的话，那责任在你，我们不需要负任何责任。可是，如果按照我们的计划，进行制造的过程中如果有任何差错发现，则由我们全部负责。”

他听我这样讲，这股怒火似乎渐渐平息下来，最后他说：“好吧，照常进行好了，如果有什么不对的话，只好求上帝帮助你了。”

结果，终于是我们做对了，现在他又向我们订了两批货。

当那位主顾侮辱我，几乎要向我挥拳，指责我不懂自己业务时，我用了我所有的自制力，尽量让我不跟对方争论辩护。那需要有极大的自制力，可是我做到了，那也是值得的。当时如果我告诉他，那是他的错误，并开始争论起来，说不定还会向法院提出诉讼。而其结果不只是双方起了恶感及经济上的损失，同时失去了一个极重要的主顾。我深深地体会到，如果直率地指出人家的错误，那是不值得的。

让我们再看第二个例子，情形是这样的：

纽约泰洛木厂的推销员克劳雷，这些年来，一直在说木材检查员的错处，他常在争论辩护中获胜，可是就没有得到过一点好处。就是由于好争辩，使克劳雷的两家木厂，损失了上万元的钱。后来他决定改变他的方针，不再争辩了，结果如何呢？他是这样说的：

有一天早晨，我办公室的电话铃响了，那是一个愤怒的顾客打来的电话，他说我们送去工厂的木材，完全不适用。他工厂已停止卸货，并且要求我们立即设法把那些货从他们工厂运走。当他们卸下一车的1/4货时，他们的木料检查员说，木料在标准等级的55%以下，在这种情形下，他们拒绝收货。

我知道这情形后，立即去他的工厂。在路上，心里就在盘算，如何才是处理这件事的最好方法。在平常我遇到这种情形时，就需引证出木料分等级的各项规则；同时以我自己做检查员的经验和常识，来获取那位检查员的相信。我有充分的自信，木料确实是合乎标准，那是他在检查上误解了规则。可是，我还是运用了从讲习班中所学到的原则。

我到了那家工厂，看到采购员和检查员的神色都很不友善。似乎已准备了要跟我用谈判办法交涉。我来到他们卸木料的地方，要求他们继续卸货，以便让我看看错误出在什么地方。我请那位检查员把合格的货放在这边，把不合格的放另一边。

经我看过一阵子后，发现他的检查，似乎过于严格，而且弄错了规则。这次的木料是白松，我知道这位检查员只学过关于硬木的学识，而对于眼前的白松，并不是很内行。至于我则对白松知道得最清楚，可是，我是不是对那检查员有不友好的意思？不，绝对没有。我只注意他如何检查，试探地问他那些不合格的原因在什么地方。我没有任何暗示，也没有指出是他错了。我只作这样的表示：为了以后送木材时不再发生错误，所以才接连地发问。

我以友好合作的态度，跟那位检查员交谈，同时还称赞他谨慎、能干，说他找出不合格的木材来是对的。这样一来，我们之间的紧张气氛渐渐地消失，接着也就融洽起来了。我会极自然地插进一句，那是经我郑重考虑过的话，使他们觉得那些不合格的木材应该是合格的。可是我说得很含蓄、小心，让他们知道我不是故意这样说的。

渐渐地，他的态度改变了！他最后向我承认，他对白松那类木材并没有很多的经验，他开始向我讨教各项问题。我便向他解释，如何是一块合乎标准的木材。可是我又作这样的表示，如果不合他们的需要，他们可以拒绝收货。最后，他发现错误在他自己，原因是他们并没有指出需要上好的木料。

我走后，这位检查员又将全车的木材检查了一遍，而且全部接受下来，同时我也收到一张即期支付的支票。

从这一件事看来，任何事情并不需要告诉对方，他是如何犯了错误。在我来讲，我替公司省了150元的损失，而双方所留下的好感，那就不是用金钱所能估计的了。

在20世纪以前，耶稣曾经这样说过："赶快赞同你的反对者。"在人类社会步入21世纪的时候，我们也应该牢记：尊重别人的意见，永远不要轻易地去指责对方的错误。

做一个幽默的人，感染别人

具有适当的幽默感，不仅能给你的事业带来极大的好处，而且会使你的工作更有乐趣。幽默可以消除紧张情绪，创造一种轻松愉快的工作气氛，从而使你的事业更为成功。它同样也是塑造成功形象的一个因素。每当面临选择时，绝大多数人都愿意与那些有幽默感的人打交道。

有一位朋友就讲了幽默给她带来好运的经历：

记得一次应聘一个职位，简历寄去后，对方将抱歉未能录用的 E-mail 发给了我。可能是由于系统错误，对方发了两封抱歉信给我。我毫不犹豫地回了一封信："既然您对未能录用我如此遗憾，为什么不给我一次面试机会呢？"不知是不是这封信起的作用，后来我得到这个公司另一个更好职位的面试机会。

在与我的外国经理相处的过程中，我不失时机地幽他一默，总能"化险为夷"，永远是快乐的结局。有一天，经理不小心把可乐打翻在他办公室的地毯上，他激动地告诉我蟑螂部队准保会因此大规模地袭击他的办公室。我想了想，微笑着说："绝对不会发生这种事，因为中国蟑螂只爱吃中餐。"经理的脸色放晴了，高兴地朗声大笑。

有一回面试，我穿着牛仔裤就去了。老美考官突然冷不丁地问我："请问你为什么穿牛仔裤来参加面试呢？"我急中生智，快速答道："今天不是周五吗？周五不是'便装日'吗？"记得原来在另一家美国公司工作时，周五总是有一幅漫画贴出来，漫画上的公司职员都穿睡衣，穿着拖鞋，睡眼惺忪的模样，旁边标注着大写的"Friday"（星期五）。果然不出所料，老美哈哈大笑，我自然顺利地得到了这份工作。

适度的幽默就像是一根闪着金光的魔杖，轻轻地挥舞着它，让苍白的办公室生活开出五颜六色的花朵来。

优雅与幽默是一种恒久的时尚。从一个人优雅的举止里可以看到文化教养，让人赏心悦目；从一个人的幽默中可以品味出独特机智，让人开怀大笑。

幽默，可以出奇制胜，化腐朽为神奇，藏丑显美。古希腊著名哲学家柏拉图长得一点都不景气，但他却谈笑风生，说自己的眼睛像金鱼一样凸现，这符合光学上的透视原理；鼻子朝天冲去，有利于呼吸新鲜空气；嘴阔大无比，可以同姑娘高质量地接吻。听了这些有趣的夫子之道，人们不但不会对这位相貌丑陋的大哲学家感到厌恶，反会觉得他长得有个性，丑得恰到好处！

幽默，可以显露其谦虚的个性。外国一位著名的女汉学家因非常醉心钱仲书先生的著名小说《围城》，几次远涉重洋来到北京，哭着喊着想见钱仲书先生一面，但自始至终，钱先生就是不给这位洋女士一个面子。只是让人捎话给她，说如果你觉得鸡蛋好吃，你就只管吃鸡蛋好了，何必一定要去见那个呱呱叫的老母鸡呢？

幽默，是其个性、情感、胸襟和才识综合魅力的展示。幽默的形式，或自嘲或讽喻，不一而足。幽默的场所，可以说是无时不有，无处不在。社交场合来点幽默，可以先声夺人，活跃气氛，使自己同生人之间一下子拉近了距离。

如有次老舍先生见到了梅兰芳大师说，咱们两个人你是“君子”，我是“小人”，一句话使得梅先生及在场的许多文化名人茫然无措。当老舍先生道出其天机，“君子动口，小人动手”，梅先生唱戏是“动口”，自己创作是“动手”，大家顿时忍俊不禁，气氛一下子热烈起来。

幽默的人，魅力无穷。幽默的人，人见人爱。幽默，不是语言上的巧嘴贫舌，而是多姿多趣的心智的折射。

幽默有一种魅力，一个富有幽默感的人，无疑也是一个语言大师。

那么，如何做到幽默风趣呢？

首先，利用玩笑、轶事或妙语产生幽默。一个得体的玩笑、轶事或妙语会使谈话的气氛变得活跃、丰富。

纽约一家大型公共关系机构的撰稿人范·米特说：“幽默必须自然地出自讲话者之口。如果一位高级官员在其亲朋好友中都开不成玩笑，那他在公共场合永远也不会以玩笑取胜。”当然幽默不只是玩笑。事实上，某些最优秀的谈话者根本就不开玩笑，他们通过寓意深刻的轶事、滑稽可笑的故事而使主题增色。

其次，利用修辞产生幽默。比喻、反语等修辞手法本身就含蓄幽默。如公司公关人员告诉公众：“广告对商业是有益的，因为它使人们了解到可供选用的产品。”公众可能会对其报以不耐烦的哈欠声，说：“唉！那又怎么样？我们知道。”其实，他打个比方可以表达同样的意思：“做生意而没有广告，就像你在黑暗中向一个女孩传递秋波，除了你自己，谁也不知道你在做什么。”这位公共关系人员的意思是会被听众理解和接受的。

正话反说。把欲表达的意思反过来说，可增添不少幽默的成分。有一次萧伯纳在街上行走，被一个冒失鬼骑车撞倒在地，幸好没有受伤，只是虚惊一场。骑车人急忙扶起他，连连道歉，可是萧伯纳却做出惋惜的样子说：“你的运气不好，先生，你如果把我撞死了，你就可以名扬四海了！”

直言不讳。这种方法就是直接拿自己的某个缺点以幽默的话语主动示于人。邓小平个子矮，他曾经幽默地说：“天塌下来，有高个子顶着。”既坦然承认了自己的缺点，又不致让自己太尴尬。还有这样一个例子：著名画家韩羽是秃顶，他曾经写这一首《自嘲》诗：“眉眼一无可取，嘴巴稀松平常，惟有脑门胆大，敢于日月争光。”让人读后不仅不会笑话他的缺点，反而称赞其乐观大度的为人处世哲学。

以柔克刚。这种方法是不直接回答对方，而是顺着对方的话语，以静制动，变被动为主动。美国前总统林肯在一次演讲时，有人递了张纸条给他，上面只写了两个字：“笨蛋。”他举着这张纸条镇静地说：“本总统收到过许多匿名信，全都是只有正文，不见署名，而刚才那位先生正好相反，他只署了自己的名字，而忘了写内容。”林肯以柔克刚，在笑声中不仅替自己解了围，也有力地回击了对方。

偷梁换柱。把另一种事物的特征以移花接木之术转换到此事物上，听后肯定让人忍俊不能。我国古代有位皇帝，因处理朝政操劳过度，精神萎靡，食不甘味，睡不安枕，噩梦连绵，头昏脑涨，胸闷气短，日渐消瘦。大臣们为其到处寻医，可试遍了各种良方，病情却毫无起色。后来请来了扁鹊，诊视完后扁鹊说：“陛下得的是月经不调。”皇帝听罢哈哈大笑：“荒唐，我乃男子，何来月经不调之理。”笑得他前俯后仰，眼泪都出来了。此后，每当与别人谈起此事还大笑不止，可说也怪，过了不长时间，病情居然慢慢好转起来，不久就痊愈了。运用幽默的故事和风趣的语言去刻画复杂的事物，往往几句话就可以使你的形象树立在公众面前，使听众在笑声中增加对你的印象和信任。

具有幽默气质的人，都有一种超群的人格，能感受到自己的力量，以愉悦的方式表达真诚、大方和心灵的善良，独自应付任何困苦的环境，并且这样的人最受欢迎。因此幽默气质就像一座桥梁拉近人与人之间的鸿沟，是奋发向上者和希望与他人建立良好关系者不可缺少的东西，也是每一个希望减轻自己人生重担的人所必须依靠的支柱。

反省一下，没那么多是非

“静坐常思己过，闲谈莫论人非。”这句话虽然听来未免迂腐，可是，仔细想想，它却有很值得我们遵行的地方。

“静坐常思己过”，是一种反省的功夫。我们假如常能在静下来的时候，想到自己在做事或待人方面有疏忽有亏欠的地方，自然就减少了对别人抱怨嫉恨或报复的心情；也同时由于明白了自己的过失而得到一些警惕，以后将不致再犯同样的过错。这是前人劝我们“静坐常思己过”的真正意义。

如果你能做到每天反省三分钟，相信将会受益匪浅。

所谓“反省”就是反过来省察自己，检讨自己的言行，看有没有要改进的地方。为什么要反省？人人都不完美，总有个性上的缺陷、智慧上的不足。年轻人缺乏社会阅历，常会说错话、做错事、得罪人。你所做的一切，有时候别人会提醒你，但绝大部分人是看到你做错事、说错话、得罪人时都不会说，因此你必须通过反省的方法去了解自己的所作所为。

反省些什么呢？反省那些对你成长中有用的事吧！

人际关系是你成长中的大事。反省今天你有没有做了不利于人际关系的事，对某人说的那一句话是否得体，某人对我不友善是怎么一回事。

方法比努力更重要。反省今天所做的事，是否有不适当之处，怎样做才会更好。

你进步是成长中必不可少的。反省到目前为止我做的事使自己有无进步，时间有无浪费，目标完成了多少。

反省的好处则在于——可以修正自己的作为和方向，可以修正作为来使自己进步。

当然，那些不反省的人也不一定会失败。因为，一个人的成败和个人先天条件、后天训练以及机会都有关系。天底下就有从不反省自己，但却飞黄腾达的人。很多伟人都有反省的习惯，因为唯有反省，才不会迷失，才不会做错事。

著名作家李奥·巴斯卡车，写了大量关于爱与人际关系方面的书籍，影响了很多人的生活。

据说，他之所以有这样卓越的成就，完全得力于小时候父亲对他的教导。小时候，每当吃完晚饭时，他父亲就会问他："李奥，你今天学了些什么?"这时李奥就会把学校学到的东西告诉父亲。如果实在没什么好说的，他就会跑到书房拿出百科全书学一点东西告诉父亲后才上床睡觉。

这个习惯一直到今天还维持着，每天晚上他都会拿十年前父亲问他的那句话来问自己，若当天没学到点什么东西，他是绝不会上床上。这个习惯时时刺激他不断地吸取新的知识，产生新的思想，不断进步。

无独有偶，在一位作家的书房里，赫然醒目地挂着一张条幅："在飞逝的今天，你为生活留下了什么?"而且问号写得特别大。这位作家说："这张条幅像悬在我脊梁上的一条鞭子，问号像一把锋利的钩，直刺我的心灵。"他认为，善待每一天是成功人生的真实写照。每一天都是描绘成功人生画卷的一笔，我们必须认真地画好每一笔。人生也好比一卷长长的胶片，每一格胶片记录着每天的生活态势。所谓反省，就是反过来省察自己，检讨自己的言行，看一看有没有要改进的地方。

反省是自我认识水平步进的动力。反省是对自我的言行进行客观的评价，认识自我存在的问题，修正偏离的行进航线。

反省的目的在于建立一种监督自我的畅通的内在反馈机制。通过这种机制，我们可以及时知晓自己的不足，及时纠正不当的人生态度。良好的反省机制是自我心灵中的一种自动清洁系统或自动纠偏系统。反省是砥砺自我人品的最好磨石，它能使你的想象力更敏锐，它能使你真正认识自我。

孟子云："吾日三省吾身。"这是圣贤的修身功夫，凡人不易做到，但时时提醒自己，检视一下自己的言行却不是太难的事。一个人一旦有了不当的观念，或做了对不起人的事，可能瞒过任何人，但绝对骗不了自己。

人之所以会做对不起别人的事，不单是外界的诱惑太大，更多的是自己的欲念太强，理智屈就于本能冲动。一个常常做自我反省的人，不仅能增强自己的理智感，而且必定知道什么是自己该做的，什么是自己不该做的。

我们要从这样几个方面认识反省、看待反省。

(1) 正视人性的弱点，认识反省自我的必要性。毋庸置疑，人的通病都是

"长于责人，拙于责己"或以"自我为中心"。反省要求的是"反求诸己"，而不是找他人的不是。反省是一面心境，通过它可以洞观自己的心垢。自我如同眼睛一样可以尽情地看外面的世界，却无法看到自己。反省机制的建立将彻底改变这一局限。说反省难就难在你愿不愿意去看到心垢，有没有勇气去洗刷它。

(2) 反省是认识自我、发展自我、完善自我和实现自我价值的最佳方法。成功学专家罗宾认为，我们不妨在每天结束时好好问问自己下面的问题：今天我到底学到些什么？我有什么样的改进？我是否对所做的一切感到满意？如果你每天都能改进自己的能力并且过得很快乐，必然能够获得意想不到的丰富人生。真诚地面对这些提出的问题就是反省，其目的就是要不断地突破自我的局限，省察自己，开创成功的人生。

(3) 反省的内容就是时时扪心自问自己的言行，这是郑重的人生之问。每天进行心灵盘点，有益于及时知道自己近期的得与失，思考今后改进的策略。

(4) 反省的立足点和取向主要是针对自己，省悟自身的不是。这不仅是自身素质不断完善的手法，而且是融洽人际关系的法宝。比如，"念自己有几分不是，则内心自然气平；肯说自己一个不是，则人之气亦平"；"自知其短，乃进德之基"；"先问自己付出多少，再问人家给了多少"等等，都是很好的反省方法。若我们能时时这样去反省，就能使自己心平气和，善结人缘，力求进取，开创光辉的人生。

反省的方式可以灵活多样，至于反省的方法，有人写日记，有人则静坐冥想，只在脑海里把过去的事拿出来检视一遍。

只要我们都关注自身的发展，我们就无法回避认识自我。我是谁？我能干什么？我做得怎么样？我要到哪里去？……茫茫的人生旅途跋涉，我们都必须亮起一盏心灯，时时叮嘱自己："一路走好"。只有这样，我们的成功之路才能越走越宽广。

事实上，反省无处不在，完全不必拘泥于任何形式。

你可在夜阑人静的时候反省，也可在散步运动或自己独处的时候反省。

总之，你要把反省的时间安排在心境平静的时候——湖面平静才能映现你的倒影，心境平静才能映现你今天所做的一切。

有一种"每日四问"的记日记方法可以推荐给你。这四个问题是：

今天我改了什么？

今天我有什么值得感谢的？

今天我有哪些可以做得更好？

今天我学会了什么？

把“每天反省三分钟”当成每日的功课吧，它能修正你做人处世的方法，让你有更明确的方向，让你快乐成长。

沟通一下，理解一点

世界上没有完全相同的两片树叶，也没有完全相同的两种意识，人和人不同的思想意识构成了纷繁美丽的世界。同时，也正是由于阵线不同，团体与团体之间，人和人之间，不可能永远保持一致，难免会出现意见相左，会出现误会与争执，但关键在于，你怎样去解决这些问题。

人生在世，精神的愉快胜过一切，而和谐美好的人际关系无疑是构成心情愉快的重要因素；由于各种原因，有些人际关系是无法达到和谐的。但是误会则使本可以做到和谐或本来是和谐的关系，只因理解和认识的误会而形成人际关系中的遗憾。所以说，它比直接的、不良的人际关系更多一层痛苦。它是对美好关系的破坏。这种破坏并非主观的、有意识的、故意的，而只是因为互相的隔膜、意识的不可通性、感情的客观障碍所致。

争执既已形成，不论是你遭到了误解或你可能正在误解别人，唯有互相沟通才能达到理解，使误会消除。

通常，人际关系中容易产生争执的是这样一些人：交谈交往极少者，互不了解个性者，性格内向者，个性特别者，自视清高者，狂妄傲慢者，神经过敏者，常信口开河者，爱挑剔小节者等。

与上述这些人交往，不论是初次的或多次的，你都要注意你的言行是否容易产生歧义，是否可能遭到误解。或者你是否对他存有偏见和误会。

任何人都有他独立经营着的那一片小小的天地，形成他之所思、他之所言、他之所行，形成他自己的特色。有的人的这片小天地呈开放张扬的状态，可以随时接纳所有的人。有的人则呈封闭压抑的状态，这是不好交际、不善交际、不易交际的人。与他交往首先得启开那扇封闭的门。待你走进去后才可能发现真正的他。否则，你只能在门外与他交往，这时，各种各样的误会都可能产生。

我们都知道，林黛玉是个特别难打交道的人，随便一句话中的一个用词不妥，可能就得罪了她。她发了脾气，你还不知道为了何事。生活中这样的女性并非罕见。

如果你已经自觉意识到遭到了误解，最简便直接的办法当然是直接与误解你的人解释交流，推心置腹，真诚相见，不要搁在胸中，更不要犹豫猜忌。你可以借一次家宴、一场舞会、一次公关活动、一次约会或一个电话互诉衷肠，以你心换他心，以他心换你心。疙瘩解开，冰消雪融，重归于好。

可能你和对方没有这种直接交流的机会，或者你觉得直接解释交流的方式有些难为情，那么你可以用书信的方式，详尽地阐明自己，也许可以化干戈为玉帛。

如果对方对你误解太深，已经对你形成偏见，乃至于把你视同仇敌。消除误解当然要困难许多。一是要有恰当的方式，二是要有一定的时间。你首先可以通过间接的方式，动用和对方亲近的人，让他在你们中间做桥梁、做媒介，把对方的怨气和意见，把你的诚意、你的本心都通过这位中间人在双方间予以传达疏导。传达疏导到一定时机，你们就可以发展到直接解释交流了。

天下没有解不开的疙瘩，没有打不破的坚冰，没有过不去的火焰山。

当你受到误解的时候，误不在你而在于对方，但你对对方之误却能够宽容大度不予计较，反倒主动地想法去消除对方之误。此为君子度量。

当你受到误解的时候，如果你对对方之误厌恶憎恨，压根儿不想去消除它，更不愿主动去做疏通工作，以为那样做是降低了身份，丢了自己的面子，损伤了人格。此为小人之心。

圣人说："受国之垢，是谓社稷主。"——承担全国的屈辱，才算得国家的君主。如果你在小小的人际关系圈内也受不得丝毫委屈，吃不得半点亏，头低不下一毫，话多不得半句，那你就去茕茕孑立、形影相吊好了。

避免争执的另一重要建议是回避顶撞或辩论。当你将要陷入顶撞式的辩论漩涡里的时候，最好的办法就是绕开漩涡，避免争论。你不可能指望仅仅以摇唇鼓舌的口头之争，来改变对方已有的思想和成见。把细枝末节的小事当作天大的原则问题来加以辩论，是因为我们坚持成见的缘故。只要你争胜好斗，喋喋不休，坚持争论到最后一句话，就可以体验到辩论的"胜利"，可是，这种胜利不过是廉价的、空洞的虚荣心的产物，它的结果引发一个人的怨恨。

谁能够克服喜好争论的弱点，谁就能在社交中获得成功。

在争论中可能你有理，也可能以雄辩取胜，但要想轻易改变别人的主意，你就大错而特错了。

日常工作中容易发生争执，有时搞得不欢而散甚至使双方结下芥蒂。人是有记忆的，发生了冲突或争吵之后，无论怎样妥善地处理，总会在心理、感情上蒙上一层阴影，为日后的相处带来障碍。最好的办法，还是尽量避免它。

我们常用这么一句话来排解争吵者之间的过激情绪：有话好好说。这是很有道理的。争吵者往往犯三个错误：第一，没有明确而清楚地说明自己的想法，话语含糊，不坦白；第二，措辞激烈、专断，没有商量余地；第三，不愿意以尊重态度聆听对方的意见。有一个调查说明，在承认自己容易与人争吵的人中，绝大多数说自己个性太强，也就是不善于克制自己。

同事之间有了不同的看法，最好以商量的口气提出自己的意见和建议，语言的得体是十分重要的。应该尽量避免用“你从来不怎么样……”“你总是弄不好……”“你根本不懂”之类的语言，这必然会引起对方反感。即使是对错误的意见或事情提出看法，也切忌嘲笑。幽默的语言能使人在笑声中思考，而嘲笑他人则包含着恶意，这是很伤人的。真诚、坦白地说明自己的想法和要求，让人觉得你是希望合作而不是在挑人的毛病，同时，要学会听，耐心、留神听对方的意见，从中发现合理的成分并及时给予赞扬。这不仅能使对方产生积极的心理反应，也给自己带来思考的机会。如果双方个性修养、思想水平及文化修养都比较高的话，做到这些并非难事。

如果遇到一位不合作的人，你就要冷静，不要让自己也成为一个不能合作的人。宽容忍让可能一时让你觉得委屈，但这却能表现你的修养，也能使对方在你的冷静态度面前平静下来。当时不能取得一致的意见，不妨把事情搁一搁，认真考虑之后，或许大家能共同找到解决问题的好办法。

善于理解、体谅别人在特殊情况下的心理、情绪是一种较高的修养。有的人生性敏感，有的人恰恰遇到不顺心的事没处发泄怒气，也许对方正生病，这些都可能是造成态度、情绪反常或过激的原因。对此予以充分谅解，并及时地予以沟通，会得到相应的回报的。

宽容别人，别人就会欢迎你

屠格涅夫说：“不会宽容别人的人，是不配受到别人宽容的。”

法国19世纪的文学大师雨果曾说过这样的一句话：“世界上最宽阔的是海洋，比海洋宽阔的是天空，比天空更宽阔的是人的胸怀。”

古希腊神话中有一位大英雄叫海格里斯。一天他走在坎坷不平的山路上，发现脚边有个袋子似的东西很碍脚，海格里斯踩了那东西一脚，谁知那东西不但没有被踩破，反而膨胀起来，加倍地扩大着。海格里斯恼羞成怒，操起一条碗口粗的木棒砸它，那东西竟然长大到把路堵死了。

正在这时，山中走出一位圣人，对海格里斯说：“朋友，快别动它，忘了它，离它远去吧！它叫仇恨袋，你不犯它，它便小如当初，你侵犯它，它就会膨胀起来，挡住你的路，与你敌对到底！”

我们生活中茫茫人世间，难免与别人产生误会、摩擦。如果不注意，在我们轻动仇恨之时，仇恨袋便会悄悄成长，最终会导致堵塞了通往成功之路。所以我们一定要记着在自己的仇恨袋里装满宽容，那样我们就会少一份烦恼，多一分机遇。

学会宽容，对于化解矛盾，赢得友谊，乃至事业的成功都是必要的。因此，在日常生活中，无论对同事、对顾客对子女、对配偶等等都要有一颗宽容的爱心。

宽容是一门交往的艺术。它可以润滑彼此间的关系，消除彼此间的隔阂，扫清彼此间的顾忌，增进彼此间的了解。宽容能打开两颗相对封闭的心灵，像一种明澈而柔润的调剂，使之相融相知。“大度能容，容天下难容之事”，懂得宽容的人生是美丽的。

水至清则无鱼，人至察则无徒。用宽容来安慰别人因失误而愧痛的心，让别人心存感激，是最容易得到别人的信任和尊重的。宽容是安慰剂，如一江春水，抒写着温馨闲适与融洽，让人在柔和舒适间倍感亲切，教人在壮美和激情中意气风发。世间因为有了宽容而爱意浓浓，美丽祥和。当我们深陷苦闷，孤独难挺，山重水复之时，突然获得别人的理解与鼓舞，谁不会因之心潮澎湃，热泪盈眶，感激之情溢于言表呢？

拿破仑在长期的军旅生涯中养成宽容他人的美德。作为全军统帅，批评士兵的事经常发生，但每次他都不是盛气凌人的，他能很好地照顾士兵的情绪。士兵往往对他的批评欣然接受，而且充满了对他的热爱与感激之情，这大大增强了他的军队的战斗力和凝聚力，成为欧洲大陆一支劲旅。

在征服意大利的一次战斗中，士兵们都很辛苦。拿破仑夜间巡岗查哨。在巡岗过程中，他发现一名巡岗士兵倚着大树睡着了。他没有喊醒士兵，而是拿起枪替他站起了岗，大约过了半个小时，哨兵从沉睡中醒来，他认出了自己的最高统帅，十分惶恐。

拿破仑却不恼怒，他和蔼地对他说："朋友，这是你的枪，你们艰苦作战，又走了那么长的路，你打瞌睡是可以谅解和宽容的，但是目前，一时的疏忽就可能断送全军。我正好不困，就替你站了一会，下次一定小心。"

拿破仑没有破口大骂，没有大声训斥士兵，没有摆出元帅的架子，而是语重心长、和风细雨地批评士兵的错误。有这样大度的元帅，士兵怎能不英勇作战呢？如果拿破仑不宽容士兵，那后果只能是增加士兵的反抗意识，丧失了他本人在士兵中的威信，削弱了军队的战斗力。

宽容是一种艺术，宽容别人，不是懦弱，更不是无奈的举措。在短暂的生命里中学会宽容别人，能使生活中平添许多快乐，使人生更有意义。正因为有了宽容，我们的胸怀才能比天空还宽阔，才能尽容天下难容之事。

人们交往贵在与人为善宽以待人，尽可能向他人提供方便，尽量给予他人帮助。可以说，宽容是一个道德水平较高的表现，所谓"有容，德乃大"。你希望别人善待自己，就要善待别人，要将心比心，多给人一些关怀，尊重和理解；对别人的缺点要善意指出，不能幸灾乐祸；对别人的危难应尽力相助，不应袖手旁观，落井下石。即使是自己人生得意，也不能得意忘形，居功自傲，而是应多想想别人对自己的帮助，让三分功给别人。人总是喜欢和宽容厚道的人交朋友的，正所谓"宽则得众"。

宽容还要求我们"己欲立而立人，己欲达而达人"，自己要站得住，同时也使别人站得住，自己要事事行得通，同时也使别人事事行得通，"君子成人之美，不成人之恶，小人反是。”在一定意义上，成人之美就是成己之美，即使对有错误的人也不要嫌弃，应给人提供改过的宽松条件，原谅别人的过失，帮助别人改正错误。正所谓与人方便，己也方便。

在生活中学会宽容，你便能明白以下道理。

宽容就是洞察。世界由矛盾组成，任何人或事情不会尽善尽美。无论是“患难之交”“亲朋好友”，还是“金玉良缘”“模范丈夫”，都是相对而言。他们的矛盾，苦恼常被掩饰在成功的光环下，而掩盖的工具恰恰是宽容。不必羡慕人家，不要苛求自己，常用宽容的眼光看世界，事业、家庭和友谊才能稳固和长久。

宽容就是忍耐。同事的批评，朋友的误解，过多的争辩和“反击”实不是取，唯有冷静、忍耐、谅解最重要。立下愚公移山之志，坚持以德报人，以理服人，以情感人。相信这句名言：“宽容是在荆棘丛中长出来的谷粒”。能退一步，天地自然宽。

宽容就是忘却。人人都有痛苦，都有伤疤，动辄去揭，便添新创，旧痕新伤难愈合。忘记昨日的是非，忘记别人先前对自己的指责和谩骂，时间是良好的止痛剂。放眼明日，来日方长，学会忘却，生活才有阳光，才有欢乐。

宽容就是潇洒。处处绿杨堪系马，家家有路到长安。宽厚待人，容纳非议，乃事业成功、家庭幸福美满之道。一切狗苟蝇营、芥蒂块垒，在宽容的阳光下，将灰飞烟灭、冰释雪化。事事斤斤计较、患得患失，活得也累，难得人世走一遭，潇洒最重要。

那么，容人究竟应当容些什么呢？

——容人之长。人各有所长。取人之长补己之短，才能互相促进，事业才能发展。刘邦在总结自己成功经验时的那段话很发人深省：“夫运筹帷幄之中，决胜千里之外，吾不如子房；镇国家，抚百姓，给饷馈，不绝粮道，吾不如萧何；连百万之众，战必胜，攻必取，吾不如韩信。此三者，皆人杰也，吾能用之，此吾所以取天下也！”善于用人之长，首先是能容人之长。嫉妒别人的长处，生怕同事和部属超过自己而想方设法压抑的做法，是很愚蠢的。

——容人之短。人无完人，金无足赤。人的短处是客观存在的，容不得别人的短处势必难以共事。“鲍管分金”的故事就很耐人寻味。春秋时期，鲍叔牙与管仲合伙做生意，鲍叔牙本钱出得多，管仲出得少，但在分配利润时管仲却总是多要。鲍叔牙并没有觉得管仲自私，而是认为管仲家里穷，多得点没关系。后来鲍叔牙还把管仲推荐给齐桓公做了大夫。如果鲍叔牙容不得管仲的缺点，管仲的才华可能被淹没。

——容人之过。“人非圣贤，孰能无过。”历史上凡是有作为的伟人，多数都能容人之过。

——容人之个性。由于人们的家庭出身、社会经历、文化程度不同，性格必有差异。因此，容人从根本上来说，就是要能够接纳各种不同性格、具有不同个性的人。如果只喜欢与自己性格相近的人，那么我们的朋友少之又少。

——容己之仇。这是容人的极致，是一种高尚的品德。齐桓公不计管仲一箭之仇、祁黄羊“外举不避仇”等，向来为人们所津津乐道。

种一株鲜花，用怨恨做土壤

魏国边境靠近楚国的地方有一个小县，一个叫宋就的大夫被派往这个小县去做县令。

两国交界的地方住着两国的村民，村民们都喜欢种瓜。这一年春天，两国的村民又都种下了瓜种。

不巧这年春天，天气比较干旱，由于缺水，瓜苗长得很慢。魏国的一些村民担心这样旱下去会影响收成，就组织一些人，每天晚上到地里挑水浇瓜。

连续浇了几天，魏国村民的瓜地里，瓜苗长势明显好起来，比楚国村民种的瓜苗要高不少。

楚国的村民一看到魏国村民种的瓜长得又快又好，非常嫉妒，有些人晚间便偷偷潜到魏国村民的瓜地里去踩瓜秧。

宋就忙劝魏国村民们消消气，让他们都坐下，然后对他们说："我看，你们最好不要去踩他们的瓜地。"

村民们气愤已极，哪里听得进去，纷纷嚷道："难道我们怕他们不成，为什么让他们如此欺负我们？"

宋就摇摇头，耐心地说："如果你们一定要去报复，最多解解心头之恨，可是，以后呢？他们也不会善罢甘休，如此下去，双方互相破坏，谁都不会得到一个瓜的收获。"

村民们皱紧眉头问："那我们该怎么办呢？"

宋就说："你们每天晚上去帮他们浇地，结果怎样，你们自己就会看到。"

村民们只好按宋就的意思去做，楚国的村民发现魏国村民不但不记恨，反倒天天帮他们浇瓜，惭愧得无地自容。

这件事后来被楚国边境的县令知道了，便将此事上报楚王。楚王原本对魏国虎视眈眈，听了此事，深受触动，甚觉不安，于是，主动与魏国和好，并送去很多礼物，对魏国有如此好的官员和国民表示赞赏。

魏王见宋就为两国的友好往来立了功，也下令重重地赏赐宋就和他的百姓。

还有另外一则故事：

杰克和汤姆曾经是好朋友，有一次他们合伙做卖米的生意。

在他们居住的那条街上分布着许多米店，大多数店主把米放在外面，晚上找人看守。他们也和那些店主一样把米堆在商店外面。

可是有一天早上他们起来后发现米少了许多。杰克记得晚上汤姆起了好几次，他怀疑很可能是汤姆把米转移到其他地方，想独吞，因此心中大为不悦。而汤姆说他没有看见那些米，杰克不相信，两人吵了起来。汤姆忍无可忍，动手打了杰克，杰克毫不示弱也狠狠还击，打得汤姆鼻青脸肿。从此他们成为仇人，不再往来。

第三天杰克要到附近的一个小镇去做生意，一大早推开门发现门口放着一个陶罐，罐里装着几根骨头。按照当地风俗这是不吉利的象征，很晦气。杰克想肯定是汤姆诅咒他生意落败故意放在他家门口的，他非常生气地将陶罐扔到花园里，就出门了。结果那天他的生意很不好，不但没有赚到钱反而亏了不少本。回到家中他给院子里的花松土施肥时，无意中看到那个陶罐，想把它砸碎出气，又觉得很可惜，就顺便移了几株快死的花进去。

过了几天他从外边做生意回来，赚了不少钱。他很高兴地侍弄花草时惊喜地发现，陶罐里开满了鲜花。这让他很高兴，没想到用来出气的陶罐竟给他带来了意想不到的欢乐。看着这些鲜花，他开始为自己狭隘的心胸感到脸红，觉得自己当初不应该迁怒于汤姆，应该心平气和地向他解释。他决定主动向汤姆道歉。

在去汤姆家的路上遇到他的邻居，邻居问他说，前一段时间自家的小孩夜里在外面玩，把一个准备泡药的陶罐和一副兽骨药给弄丢了，不知杰克看见了没有。杰克回家找到陶罐和扔在院子里的兽骨还给了邻居。奇怪的是当他把东西还给邻居时，邻居反而给了他几袋米。

原来就在杰克和汤姆把米放在外面的那天夜里，有人要买杰克邻居家的米，黑暗中邻居错把杰克和汤姆的米卖了，等第二天发现时，买主已不知去向。邻居找杰克时杰克已到外地去了，后来就把这件事给忘了。杰克觉得自己错怪了汤姆，他带上从陶罐里采摘的鲜花到汤姆家表示真诚的道歉。

后来他们重新成为了朋友，感情比以前好多了。

人与人之间避免不了因互相误解而使友谊和感情受伤破裂，因而导致仇恨。

最好的方式是以宽容的心态将这种仇恨栽培成一盆鲜花，让自己心里开花才能让周围遍地开花。时间带走一切也考验一切，值得珍惜的是无限春光和快乐的果实，真正的友谊并不因误解、仇恨而褪色，反而因海纳百川的胸怀和气度增色不少。

让仇恨长成鲜花是一种大彻大悟的境界，也是快乐的源泉。

成功，你相信彼此了吗

一个篱笆三个桩，一条好汉三个帮。我们生活在群居的社会里，一个人是不可能完成他的一生的。无论什么事，只有团结起来，才是明智之举。不但中国近代历史给了我们这种启示，就是千百年来民间最淳朴的教育方式也无不体现着这种道理：一双筷子容易被折断，十双筷子，就会牢牢抱成一团。只有团结合作，才能达到双赢的结果。

我们处于一个合作的时代，合作已成为人类生存的手段。因为科学知识向纵深方向发展，社会分工越来越精细，人们不可能再成为百科全书式的人物。每个人都要借助他人的智慧完成自己人生的超越，于是这个世界充满了竞争与挑战，也充满了合作与快乐。不善于合作就会给自己的工作和生活带来许多的麻烦。

随着社会的发展，人们越来越需要精诚团结，在共同的大目标下努力把事情做好。虽然我们生活在一个竞争取胜的社会，但社会需要的不是你死我活的争斗，不是相互残杀，而是共同发展。只有这样，我们的社会才能进步，我们的国家才能有希望，我们中的每一个人才能得到更好的发展。

合作已经成为我们这个时代最亮丽的一道风景线。合作可以集思广益，能弥补个人能力的不足，合作可以创造高的效率；合作能让人感到人与人之间的温暖；合作是成功的基石。合作精神是每个人适应社会、立足社会、谋求自身发展不可或缺的重要素质。与人合作的能力，已成为当今世界人才的重要素质之一。

查尔斯·赫梅尔说："我们的星球，犹如一条漂泊于惊涛骇浪中的航船，团结对于全人类的生存是至关重要的。"我们都是一个翅膀的天使，只有相互关爱，才能展翅飞翔。

一位清华人曾说过这样一段话：假如你拥有众多的朋友，与朋友之间有着良好的人际关系，那么，你便可以通过这些朋友的力量来协助你解决难题。人，是不可能拒绝朋友而独自过着闭门自守的生活的。假如是这样，生活实在无乐趣可言，而且很多需要帮助的困难就无法解决。

毕竟，这是一个合作的社会，个人的学识与力量是有限的，必须依靠他人的学识及力量方能完成任务。在这世上，有不少人并非很有才华，但他们却有一个无形的资产——良好的人际关系，就因为这无形的资产，使他在各方面各领域都能平步青云。

生活在群体中，就必定要与他人分工合作，分享成果，互惠互助。因此学会协作，就是迈好人生的每一步。

有这样一个小故事，讲的是一名外国的教育家邀请清华的几个学生做一个有趣的实验：一个小口瓶里，放着七个穿线的彩球，线的一端露出瓶子。这只瓶子代表一栋房子，彩球代表屋里的人。房子突然着火了，只有在规定时间内逃出来的人才可能生存。他请七名学生各拉一根线，听到哨声便以最快的速度将球从瓶中取出。实验即将开始，所有的目光都集中在瓶口上，哨声响了，七名学生一个接一个，依次从瓶子里取出了自己的彩球，总共才用了三秒钟！在场的观众情不自禁地鼓起掌来。这位外国专家大声说："我的实验终于成功了，中国学生真了不起！我在许多地方做过这个实验，从未成功，至多逃出一两个人，多数情况是几个彩球同时卡在了瓶口。我从你们身上看到了一种可贵的协作精神。"

只有相互协作，一个人才能汲取更多的营养让自己变得强大，一桩事业也才能聚集起更大的力量以获得成功。不会合作的人将一事无成！指挥家轻舞手中的指挥棒，悠扬的音乐便从乐器师的嘴唇边、指缝里倾泻出来，流进人们的心田。是什么力量使上百位乐师、数十种不同的乐器合作得这样完美和谐？那就是合作。

合作就是互相配合，共同把事情做好。世界上有许多事情，只有通过人与人之间的相互合作才能完成。一个人学会了与别人合作，也就获得了打开成功之门的钥匙。

每年的秋季，大雁由北向南以V字形状长途迁徙。雁在飞行时，V字形的形状基本不变，但头雁却是经常替换的。头雁对雁群的飞行起着很大的作用。因为头雁在前开路，它的身体和展开的羽翼在冲破阻力时，能使它左右两边形成真空。其他的雁在它的左右两边的真空区域飞行，就等于乘坐一列已经开动的列车，自己无需再费太大的力气克服阻力。这样，成群的雁以V字形飞行，就比一只雁单独飞行要省力，也就能飞得更远。

人只要相互合作，也会产生类似的效果。只要你以一种开放的心态做好准备，只要你能包容他人，你就有可能在与他人的协作中实现凭自己的力量是无法实现的理想。合作是件快乐的事情，有些事情人们只有互相合作才能做成，不合作他不能得，你也不能得。每个人的能力都有一定限度，善于与人合作的人，能够弥补自己能力的不足，达到自己原本达不到的目的。

合作是一盏灯，照亮别人也温暖自己，怀合作思想上路的人，一生也将生活在成功里。合作是一种非常实用的人生理念，像花开，美丽给别人，自己也结果实。只要你熟谙与人合作的诀窍，很快地你将会成为成功之林的雄伟巨木。

合作是每个社会人的必修课。每一个人自踏入社会之日起，合作就无时不在、无处不在。作为人类生存与发展赖以继续的一种行为模式，合作在人类社会的发展历程中扮演着重要角色。是合作使我们彼此了解，是合作使我们互通有无，是合作使我们化干戈为玉帛。

勇于合作，去和每一个人合作，是人人都很容易做到的事，这时我们并不损失什么，相反，可能这份不起眼的合作会带给我们双赢的结果。

赞美一下自己，自己也要鼓励

孩子需要鼓励，大人也需要鼓励；他人需要鼓励，自己也需要鼓励。什么是鼓励？鼓励就是通过特定的奖赏对人对己的再理解和再认同。

能干的波丽总是要把一切都做得完美，她的BaoB女装卖得非常好，夏季的到来给了她更大的机遇，一次一次地追单赶活，已经把波丽累得毫无往日的轻松亮丽。钱，是永远也挣不完的，况且她喜爱的法国电影周要在她喜爱的城市开演了，波丽想要慰劳自己，把生意转给女伴，和老公飞到那个听涛观海的城市去了。波丽特别知道善待自己，她这样做了，现在的她是那么悠然自得，不再有焦虑、紧张，更加自信从容。

在这个世界上，你是自己最要好的朋友，你也可以成为自己最大的敌人。两者的区别就在于一个态度：前者乐观、后者悲观，前者积极、后者消极。悲观和消极是你的心理毒品，它们很快会瓦解你的自信，吞噬你的自我。相反，唯有根植于积极的乐土，你的自信才能在不偏不倚的自爱中获得对人对己的宽宏，达到明辨是非的准确。像波丽这样善待自己吧，你会觉得阳光、鲜花、美景总是离你很近。你平和的心境是滋养女人的优良沃土。

在纽约的北郊住着一个名叫艾米丽的女孩，她整日自怨自艾，认定自己的理想永远实现不了，她的理想也是每一位妙龄女郎的理想：和一位潇洒的白马王子结婚、白头偕老。艾米丽总以为别人都有这种幸福，自己却永远被幸福拒之于千里之外。

一个雨天的下午，不幸的艾米丽去找一位有名的心理学家，因为据说他能解除所有人的痛苦。她被请进了心理学家的办公室，握手的时候，她冰凉的手让心理学家的心都颤抖了。他打量着这个忧郁的女孩，她的眼神呆滞而绝望，讲话的声音像是来自于墓地。她的整个身心都好像在对心理学家哭泣着："我已经没有指望了！我是世界上最不幸的女人！"

心理学家请艾米丽坐下，跟她谈话，心里渐渐有了底。最后对她说："艾米丽，我会有办法的，但你得按我说的去做。”他要艾米丽去买一套新衣服，再去修整一下自己的头发，他要艾米丽打扮得漂漂亮亮的，对她说星期二他家有个晚会，他要请她来参加。

艾米丽还是一脸闷闷不乐，对心理学家说：“就是参加晚会我也不会快乐。谁需要我，我能做什么呢？”心理学家告诉她：“你要做的事很简单，你的任务就是帮助我照料客人，代表我欢迎他们，向他们致以最亲切的问候。”

星期二这天，艾米丽衣衫合适发式得体地来到了晚会上。她按照心理学家的吩咐尽职尽责，一会儿和客人打招呼，一会儿帮客人端饮料，一会儿给客人开窗户，她在客人间穿梭不息，来回奔走，始终在帮助别人，完全忘记了自己。她眼神活泼，笑容可掬，成了晚会上的一道彩虹，散会时，同时有三位男士自告奋勇要送她回家。

一个星期又一个星期，一个月又一个月，这三位男士热烈地追求着艾米丽，艾米丽终于选中了其中的一位，让他给自己戴上了订婚戒指。不久，在婚礼上，有人对这位心理学家说：“你创造了奇迹。”“不”，心理学家说，“是她自己为自己创造了奇迹。人不能总想着自己、怜惜自己，而应该想着别人，体恤别人，艾米丽懂得了这个道理，所以变了。所有的女人都能拥有这个奇迹，只要你想，你就能让自己变得美丽。”

这就是关于“我”的故事，一份神奇的美丽。喜欢自己，因为你是你今生的唯一；善待自己，你将获得对自己的认同和理解；爱自己，为使自己能更好地给予他人；否定自己，你将拥有一个更坚实的自己；丢掉自己，你将丢掉自己的私欲；鼓励自己，你将获得一份神奇的美丽。

失败是成功的积累

在生活中，成功不仅仅意味着取得胜利，而且包括从失败中奋起的闪光意志。我们每个人身上都存在着一种失败机制，它产生于以往的挫折。这种失败机制的构成要素有——惧怕、怒气、自卑、孤独、无常、不满、空虚。

在某种程度上，遭遇厄运的境况和遭受失败是一样的。每一个人都遭受过失败，而且不只一次，正如我们经常会遇到倒霉事一样。从未遭受过失败的人，从未遭受过挫折的人，那他一定什么事都没做过。不做事固然不会有失败与挫折，当然也没有成功与战胜挫折的体验。

《包法利夫人》的作者福楼拜曾说："你一生中最光辉的日子，并非是成功的那一天，而是能从悲叹和绝望中涌出对人生挑战的心情和干劲的日子。"

研究失败者，你会发现他们都患有一个通病，那便是为自己找借口。

你将发现，借口很好地向你解释了为什么有的人能不断进取，而有的人却原地踏步。你也将发现，借口千姿百态，其中最糟糕的莫过于以健康、智力、年龄和运气等为借口。越是成功的人，越少寻找借口。而那些停滞不前的人却总有无限的借口可寻。平庸的人总能很快地自我辩解为什么他没有或不能成功。

我们所有的人，现在或过去，都不免在某件事中失败。失败使我们焦躁不安，失去安全感。有些人因失败而愧悔不已，终日为曾经遭受的困顿挫折左右，不能自拔。有时，我们正准备尽心尽力去干某件值得一干的事情时，却因以往的失败经历而彷徨不前、左右为难，深怕重蹈覆辙。

如果我们被这些失败机制所慑服，我们便会背离正常的生活。因为，我们忽略了自身具备的珍贵财富，即自身固有的成功机制，失败最终吞噬安宁，导致紧张不安，信心丧失殆尽。

我们必须学会接受自己的现状。我们永远不是完美无缺的，可能犯错误，自我形象遭到扭曲，但我们必须从中吸取教训，而不是因噎废食，从此抛弃我们辛辛苦苦开拓的事业。从失败中愤然而起，最终带来的是信心和快乐。

最大的失败莫过于害怕失误，不敢冒一个使我们的生活更富有意义但又经过仔细谋划的风险。如果我们能战胜这一担忧，那么自我就自动得到了改善，这必将为我们带来梦寐以求的幸福。

没人喜欢面对困难和不幸，但聪明的人善于把它当作成长的机会。

著名作家梭罗每天早晨的第一件事，是告诉自己一个好消息。然后，他会对自己说，我能活在世间，是多么幸运的事。如果没有出生在世，我就无法听到踩在脚底的雪发出的吱吱声，也无法闻到木材燃烧的香味，更不可能看见人们眼中爱的光芒。于是，他每一天都满怀对生命的感激之情。

人的一生是由幸福和悲伤、成功和失败、欢乐和痛苦交织而成的，只有当你经受得住成功和失败的考验，才能展示你的真正价值。

对于压力，要有信心

也许你一定听说过这样的事情：女大学生迫于就业压力而去整容，男大学生求职应聘忙于包装。针对这种现象，有关专家指出："这是巨大的就业压力造成的，其实也是大学生自信心不足的一种表现。用人单位考虑的是学生的能力，而不只是相貌。长得好看却不懂业务，也没用!"

事实上，生活中的很多人存在着信心不足从而导致压力过大的现象。在奋斗的过程中，难免会碰到一时的挫折、困难和失败，如：工作进展受挫，没有找到解决问题的方法，感情上的挫折等等。如果人们有充分的信心，就会善待这些情况，心情上会坦然处之，及时把自己的心情调整过来，不让失败、困难、挫折等转化成消极的心理因素，而把这些作为对自己的鞭策，激发自己更加努力，开阔思路，寻求更佳方法、途径。

有一个年轻人，好不容易获得一份销售工作，勤勤恳恳干了大半年，非但毫无起色，反而在几个大项目上接连失败。而他的同事，个个都干出了成绩。他实在忍受不了这种痛苦，在总经理办公室，他惭愧地说，可能自己不适合这份工作。

老总沉默了一会儿，平静地说："就这样走，以失败者的身份离开？你真的甘心?"年轻人沉默不语。"安心工作吧，我会给你足够的时间，直到你成功为止。到那时，你再要走我不留你。"老总的宽容让年轻人很感动。

过了一年，年轻人又走进了老总的办公室。不过，这一次他是轻松的，他已经连续七个月在公司销售排行榜中高居榜首，成了当之无愧的业务骨干。他想知道，当初，老总为什么会将一个败军之将继续留用？"因为，我比你更不甘心。"老总的回答完全出乎年轻人的预料。

年轻人大惑不解，老总解释道："记得当初招聘时，公司收下100多份应聘材料，我面试了20多人，最后却只录用了你一人。如果接受你的辞职，我无疑是非常失败的。我深信，既然你能在应聘时得到我的认可，也一定有能力在工作中得到客户的认可，你缺少的只是机会和时间。与其说我对你仍有信心，倒不如说我对自己仍有信心——我相信我没有用错人。”

从老总那里，年轻人懂得了只要宽容别人，给予自己信心，将来也许就是一个全新的局面。

总有许多的人，把失败、困难和挫折转化成消极的心理因素，这些消极的心理因素大大损害了个人的成功，往往断送了个人的事业。切记，人可以因为失败而损失财产，甚至成为一个穷光蛋。但绝不能在财产损失以后，再损失人的信心，否则，那才是雪上加霜。失败可以夺走我的财产、名誉、地位和爱情，但绝对不能夺走我的信心。信心就是生命，只要我的信心还在，我的生命之树在来年还会结出更丰硕的财产、名誉、地位和爱情之果。

一个家境十分贫寒的小木匠，在富翁家里做苦工，不小心损坏一个价值连城的花瓶，小木匠赔不起，无奈之下只好跑到一个据说十分灵验的小庙里乞求观音。庙里的观音劝小木匠去学一门能对接花瓶的技术，并告诉小木匠要有信心，否则上天会对他失去信心，于是小木匠登门求艺，历经三年苦练，学得手艺后返回家将三年前打碎的花瓶接得同原来的一模一样。经过不懈努力，小木匠成了远近闻名的名师，每天来拜师的络绎不绝。小木匠没有忘记庙里的观音，他决定到庙里去感谢观音，当说明来意，观音开口说道：“你不用感谢我，还是感谢你自己吧。”这时，由远而近地传来脚步声，原来是庙里的老尼姑在小木匠第一次来时，听了小木匠的哭诉以后便冒充声观音的声音，以鼓励小木匠：“信心是人生最好的观音。”

当我们处于厄运的时候，当我们败下阵来的时候，当我们面临一场巨大灾难的时候，没有什么比相信自己更能改变我们的处境。记住：信心是人生最好的观音，一个人只要活着就有无限的可能。

安慰自己，其实这都没什么

现在，心理失衡的现象在生活中时有发生。大凡遇到成绩不如意、高考落榜、与家人争吵、被人误解讥讽等等情况时，各种消极情绪就在内心积累，从而使心理失去平衡。消极情绪占据内心的一部分，而由于惯性的作用使这部分越来越沉重、越来越狭窄；而未被占据的那部分却越来越空、越变越轻。因而心理明显分裂成两个部分，沉者压抑，轻者浮躁，使人出现暴戾、轻率、偏颇和愚蠢等难以自抑的行为。这虽然是心理积累的能量在自然宣泄，但是它的行为却具有破坏性。

这时我们需要的是“心理补偿”。纵观古今中外的强者，其成功之秘诀就包括善于调节心理的失衡状态，通过心理补偿恢复平衡，甚至增加建设性的心理能量。

有人打了一个颇为形象的比方：人好似一架天平，左边是心理补偿功能，右边是消极情绪和心理压力。你能在多大程度上加重补偿功能的砝码而达到心理平衡，你就在多大程度上拥有了时间和精力去从事那些有待你完成的任务，并有充分的乐趣去享受人生。

那么，应该如何去加重心理补偿的砝码呢？

要有正确的自我评价。情绪是伴随着人的自我评价与需求满足状态而变化的。所以，人要学会随时正确评价自己。有的青少年就是由于自我评价得不到肯定，某些需求得不到满足，此时未能进行必要的反思，调整自我与客观之间的距离，因而心境始终处于郁闷或怨恨状态，甚至悲观厌世，最后走上绝路。由此可见，青年人一定要正确估量自己，对事情的期望值不能过分高于现实值。当某些期望不能得到满足时，要善于劝慰和说服自己。不要害怕，没有遗憾的生活是平淡而缺少活力的生活。遗憾是生活中的“添加剂”，它为生活增添了改变与追求的动力，使人不安于现状，永远有进步的余地。处处有遗憾，然而处处又有希望，希望安慰着遗憾，而遗憾又充实了希望。正如法国作家大仲马所说：“人生是一串由无数小烦恼组成的念珠，达观的人是笑着数完这串念珠的。”没有遗憾的生活是最大的遗憾。

为了能有自知之明，常常需要正确地对待他人的评价。因此，经常与别人交流思想，依靠友人的帮助，是求得心理补偿的有效手段。

必须意识到你所遇到的烦恼是生活中难免的。心理补偿是建立在理智基础之上的。人都有感情，遇到不痛快的事自然不会麻木不仁。没有理智的人喜欢抱屈、发牢骚，到处辩解、诉苦，好像这样就能摆脱痛苦。其实往往是白花时间，现实还是现实。明智的人是承认现实，既不幻想挫折和苦恼突然消失，也不追悔当初该如何如何，而是想到不顺心的事别人也常遇到，并非是老天跟你过不去。这样你就会减少心理压力，尽快平静下来，对那件事作个分析，总结经验教训，积极寻求解决的办法。

在挫折面前要适当用点“精神胜利法”，即所谓“阿Q精神”，这有助于逆境中进行心理补偿。例如，实验失败了，要想到失败乃是成功之母；被人误解或诽谤，要想到“在骂声中成长”的道理。

但是，在作心理补偿时也要注意，自我宽慰不等于放任自流和为错误辩解。一个真正的达观者，往往是对自己的缺点和错误最无情的批判者，是最严格要求自己的进取者，是乐于向自我挑战的人。

记住雨果的话吧：“笑就是阳光，它能驱逐人们脸上的冬日。”

善待自己，好好爱自己

善待自己，因为你是你今生的唯一；善待自己，你将获得对自己的认同和理解；爱自己，为使自己能更好地给予他人。

26 岁的公关部经理苏琪失恋后变成一个泄了气的皮球。她说，我是一只折断翅膀的丑小鸭，整个世界都把我抛弃了。可是，她忘了，这个失恋的苏琪是天下独一无二的苏琪。如果她学会喜欢自己，爱自己，她就不这么傻了。

意大利戏剧家皮兰德楼说：“我们每个人身上都拥有一个完整的世界，在每个人身上这个世界都是你自己的唯一。”对此你不妨设想，那今生今世唯一的年月，唯一的时辰，唯一的太阳和月亮，唯一的星空和雨雪，在唯一的梦床上，当你唯一的父母在水乳交融的快乐里缔造出你的生命时，难道你不是唯一吗？是的，你是你今生的唯一，因为，若没有你父母的相识，不会有你降世的可能；若没有你父母的情缘，不会有你降世的理由；若没有那个最健康的、游在最前面的精虫和那个“情窦初开”的卵子的“邂逅”，不会有你今生的存在。想到这些，你很快会从失意的悲观里走出来。你会顿悟到，在芸芸众生中，我是我今生的唯一。

你应该这样告诉自己：若没有我，我的自我将变成一纸空文；若没有我，我的生命将戛然而止；若没有我，我的世界将变成一片废墟。尽管在整个宇宙我不过是沧海一粟，但对于我自己，我是我的全部。为此我首先珍重自己，才能得到别人的珍重；我必须善待自己，才对得起造物主的恩赐。

美丽的苏琪终于学会了自省，晚上躺在床上对自己说，我这是怎么了？为什么要这样虐待自己？从前做项目时我是那样地能说服别人，为什么自己就不能走出这段伤情呢？仔细想想，我没有什么不对。是他不对，是他玩弄了我的感情。应该难过的是他而不是我。那我究竟是为了什么呢？经过几夜的反省，苏琪终于找到了问题的症结：自尊，狭隘的自尊。原来，从小众星捧月的她从未受过别人的冷漠，她的痛苦归根结底不是为了失去的那个男人而是为了自己狭隘的自尊。

于是她对自己说，现在我明白了，那样的自尊不能要，它不过是虚荣的幻影，一个坚实的自尊来自于真正的自爱。我爱自己，还有什么可以自惭形秽的呢。就这样，否定了自己的虚荣，苏琪不再痛苦了，她很快走出了失恋的伤情，坦然地接受了成熟的庆典。

自爱并非自恋，自爱的人懂得“将心比心”的厚重，自恋的人只想一味索取，不肯给予。自爱的人懂得生命来之不易，为使自己在有限的生命里获得无限的充实，他会挖掘自身的潜能，并为自己的目标竭尽全力；自爱的人像爱护自己的生命一样爱护自己的名誉和尊严，他不会为眼下的利益卑躬屈膝，更不屑于为自己的成功对他人狂妄自大，蛮横无理；自爱的人在精神上是独立的，他无需掠夺他人，更不会出卖自己；最后，真正自爱的人因着自己的充实而平静，他走入了“不以物喜，不以己悲”的自由与和谐。

28 岁的英文编辑晓岚就是这样一个自爱的女人。和屡屡拈花惹草的丈夫的离异并未使她自暴自弃。她自信自己的人生，了解自己的潜能，热爱自己的孩子。离异后的晓岚利用两年时间完成了电脑程序的学习，不久在一家外国公司担任了电脑部经理。回忆自己的婚变，晓岚不无感慨地说，在今天这样一个多变的世界，对于一个单身母亲，自爱不但是她的生存之本，亦是她自信的根基，更是孩子的心理养分。一个自爱、自信的母亲必须以自己的实际行动告诉孩子，妈妈的离异是正确的，但离异并不意味着生活欺骗了你。那不过是自己对婚姻错误的修正，修正错误后，生活会变得更加美丽。自此，孩子虽然失去了父亲，仍获得了一份健康的母爱；而她个人虽然失去了婚姻，却挖掘出自己的潜能，获得了灵魂的完整。

自己选的路，坚定地走

马俊仁，被誉为中国田径界的“奇人”“一代名帅”。

20 世纪 80 年代末 90 年代初，马俊仁培养出了王军霞、曲云霞等优秀中长跑运动员，在国际、国内的大赛上多次打破世界纪录。在 1996 年亚特兰大奥运会上，王军霞获一金一银。国际田径联合会高度评价了马俊仁的成就，把他的“马氏训练法”列入国际权威训练理论。

如今马俊仁功成名就，然而他的成功却经历了一次又一次大的挫折。

1983 年 3 月，马俊仁带着仅训练了 4 个月的弟子王莉、刘艳菊参加在上海嘉定举行的第 5 届全国运动会马拉松比赛。比赛开始时，体能占绝对优势的王莉一路领先，至 30 公里把其他队员远远地抛在后面。但就在这时，在观众席上的马俊仁突然发现王莉的白跑鞋上渗出了红色，他的头“嗡”的一声，王莉的脚磨破了！王莉忍着钻心的疼痛，一瘸一拐地向前迈进。当她以第 9 名的成绩跑到终点的时候，晕了过去。辽宁队本来可以到手的一块金牌就这样眼睁睁地丢了，士气因此受到极大的影响。

原来，赛前时间紧张，马俊仁不得不采取高强度的训练，然而这需要完备的调养手段。因为缺乏这样的条件，王莉出现了胫骨前肌炎，但她仍然坚持训练。马俊仁对此缺乏准备，对王莉采用热疗的方法，这样的结果是炎症消失，疼痛也没了，但是脚底的硬茧却也给热水泡软了。

这对马俊仁无疑是当头一棒，他陷入深深的痛苦之中，别人的冷嘲热讽是次要的，他开始怀疑自己的训练理论。比赛结束后，他暂时放弃了中长跑事业，回到了自己的家乡，又当起了中学教师。他想利用短暂的休息调整一下心态和状态，然后再做打算。

马俊仁曾这样回忆当时那段痛苦历程：“当时风言风语很多……说我不是什么本科的，也不是专业出身，训练不科学。我确实感到自己的能力和水平不够，怎么办呢？三人行，必有我师，我则认为二人行，也必有我师。和我一起训练的人，他们身上都有优点，我要想法把他们的优点学到手。我把一个人的经验学到手就是一份力量，我把100人的经验学到手，就有100份力量，这样就提高了我的能力。”

经过5年的积蓄，1988年复出的时候，他已经形成了一套完整的、独创的训练方案，厚积而薄发，马家军很快声威大震，在国内国际大赛上摘金夺银。

1994年，在斯图加特世锦赛和北京七运会后，马家军内部矛盾激化，终至师徒反目，一夜之间，他呕心沥血培养的队员人去楼空；他又出了车祸；还未能养好伤，他的老父亲又离开人世；他旧病复发，被人掩进了手术室……对马俊仁而言，可谓命运多舛！然而，他没有被挫折打倒，又重新组建“马家军”。“马家军”在沉寂了一段时间后又在赛场上创造出新的奇迹，比如在2000年2月20日举行的北京国际公路赛上，由马俊仁担任主教练的中国女子中长跑队和以马俊仁新生代弟子领衔的大连经济开发区队双双捧得该项赛事女子组冠军和友好组冠军，随后在全国室内田径锦标赛暨中日对抗赛上，又获得女子1500米和3000米冠军，并有多名队员打破女子3000米亚洲纪录，再次成为媒体和公众关注的焦点。

试想，如果马俊仁在1983年嘉定兵败之后一蹶不振，失去对自己训练方法的信心，那么肯定没有日后在国际国内赛场上摘金夺银的辉煌业绩。

生活中，我们也应该如此，不要让昨日的沮丧令明天的梦想黯然失色！

在一次讨论会上，一位著名的演说家没讲一句开场白，手里却高举着一张20美元的钞票。

面对会议室里的200个人，他问：“谁要这20美元？”一只只手举了起来。他接着说：“我打算把这20美元送给你们中的一位，但在这之前，请准许我做一件事。”他说着将钞票揉成一团，然后问：“谁还要？”仍有人举起手来。

他又说：“那么，假如我这样做又会怎么样呢？”他把钞票扔到地上，又踩上一只脚，并且用脚碾它。而后他拾起钞票，钞票已变得又脏又皱。

“现在谁还要？”还是有人举起手来。

“朋友们，你们已经上了一堂很有意义的课。无论我如何对待那张钞票，你们还是想要它，因为它并没贬值，它依旧值20美元。

“人生路上，我们会无数次被自己的决定或碰到的逆境击倒、欺凌甚至碾得粉身碎骨。我们觉得自己似乎一文不值。但无论发生什么，或将要发生什么，你们永远不会丧失价值。”

所以，无论我们身处什么环境，都不能把自己贬值，只要坦然面对逆境，认清自己的价值，就一定会有告别挫折的一天。

第七章

知足简单方能安静平和

如果想成为一个幸福的人，就应该学会知足，知足者才能常乐。困境中知道寻求比上不足比下有余的平衡，从而满足自己的现状，珍惜自己的拥有，远离欲望的烦恼，品味人生的快乐，保持精神愉快，情绪安定，乐而忘忧。

想幸福吗，先学会知足

所谓知足，是种平和的境界。所谓常乐，是一种开阔的人生态度，是说一个人懂得取舍，也懂得放弃，更懂得适可而止。而不是说一个人安于现状，没有追求、没有目标。

知足常乐并非阿Q精神，它是一种自我解脱，是调整情绪，取得心理平衡的良药。拥有它，就会变得豁达开朗，心胸宽阔，而快乐也将会常伴你的左右。

当你回头望一望那些没有解决温饱问题的人的时候，你就会觉得，我们现在这样活着，有饭吃、有班上，就已经很幸福了。

如果早上醒来，你发现自己还能够自由呼吸，你就比在这一周离开人世的100万人更有福气。

如果你从未经历过战争的危险、被囚禁的孤单、受折磨的痛苦和忍饥挨饿的难受……你已经好过世上的5亿人。

如果你的冰箱里有食物，身上有足够的衣服，有屋栖身，你已经比世界70%的人富足。

如果你的银行户头有存款，包里有现金，你已经身居世界上最富有的20%的人之列。

如果你的双亲仍然在世，你又没有分居或离婚，你已属于稀少的一群。

如果你能抬起头，带着微笑，内心充满感恩，你是真的幸福——因为世界上大部分的人可以这么做，但是他们没有去做。

如果你能握着一个人的手，拥抱他，或者只是在他的肩膀上拍一下，你的确有福气，因为你所做的已经等同于上帝才能做到的。

人生必不可少的东西其实很少。认清楚了这一点，我们就可以活得从容一些。不那么忙碌，不那么心浮气躁。因为不管社会怎么发达、物价如何上涨，你只要具备一颗知足的心，只追求一种平常生活，做到一生衣食无忧就是件易事。

清末张之洞的养生名联说："无求便是安心法。"无求便是知足，知足便会常乐，常乐了，就不会在世俗中随波逐流；就不会对身外之物得而大喜，失而大悲；就不会对世事他人牢骚满腹，攀比嫉妒。保持一颗知足的心，一切有损身心健康的因素，都将被击退。

保持一颗知足的心，做到仁爱、平静、理智、乐观、豁达，不以物喜，不以己悲，想得开，想得宽，想得远，对得失采取超然物外的态度，一切顺其自然，处之泰然。

知足常乐的境界，你知道吗

孟子说："养心莫善于寡欲；其为人也寡欲，虽有不存焉者，寡矣；其为人也多欲，虽有存焉者，寡矣。"说的也是知足常乐的道理。知足常乐，可以说为每个中国人所熟知，在现实中又有几人能做到这一点呢？许多人不可谓不聪明，但却由于不知足，贪心过重，为外物所役使，终日奔波于名利场中，每日抑郁沉闷，不知人生之乐。

知足者才能常乐。"人心不足蛇吞象"，人的欲望是无止境的，如果任其膨胀，必将后患无穷。人有了贪欲，就永远不会满足，不满足，就会感到欠缺，高兴不起来。贝蒂·戴维斯在她的回忆录《孤独的生活》中曾写道："任何目标的达成，都不会带来满足，成功必然会引新的目标。正如吃下去的金苹果都带有种子一样，这些都是永无止境的。"除非你真正懂得常乐的秘诀，否则将永远不会满足于自己所拥有的。

有一个人，偶然在地上捡到一张千元大钞，他因这笔意外之财，以后总是低着头走路，希望还能有这样的运气。

久而久之，低头走路成了他的一种生活习惯。若干年后，据他自己统计，总共拾到纽扣近四万颗，针四万多根，钱则仅有几百块，可是他却成了一个严重驼背的人，而且在过去的几年中，他没有好好地去欣赏落日的绮丽、幼童的欢颜、大地的鸟语花香。

不知足，贪心的可怕之处，不仅在于摧毁有形的东西，而且能搅乱你的内心世界。你的自尊，你所持守的原则，都可能在贪心面前垮掉。

人的不知足，往往由比较而来。同样，人要知足，也可以由比较得到。人的欲望如同黑洞一样，没有填满的时候，如果任由其膨胀，则会为此生出许多烦恼。如果能多看一下不如自己的人，和他们比一下，而不是一味地和比自己强的人比较，那么一切不平之心也许就会安宁。我们不妨抱一种"比下有余"的人生态度。

有个故事说：有个青年人常为自己的贫穷而牢骚满腹。

“你拥有如此宝贵的财富，为什么还发牢骚？”一位智者问他。

“它到底在哪里？”青年人急切地问。

“你的一双眼睛，只要能给我你的一双眼睛，我就可以把你想得到的东西都给你。”

“不，我不能失去眼睛！”青年人回答。

“好，那么，让我要你的一双手吧！对此，我用一袋黄金作补偿。”智者又说。

“不，我也不能失去双手。”

“既然有一双眼睛，你就可以学习；既然有一双手，你就可以劳动。现在，你自己看到了吧，你有多么宝贵的财富啊！”智者微笑着说道。

生活中如能降低一些标准，退一步想一想，就能知足常乐。人如果能体会到自己本来就是无所欠缺的，这就是最大的富有了。

知足才能知不足

在许多时候，我们不知道满足，甚至为了“了却君王天下事”，对生前身后的功名也期待颇多。对于前世，我们会埋怨父母没有把我们生养在富贵之家，对于后世，总是抱怨子孙们不能个个如龙似凤，但我们更多的不满足还是来自于自身。

我们为什么会这样不知足呢？这其实是欲望的驱使，是幻想的冲动，是不切合实际的索取。如果我们把不知足归结为人类后天的变异，这有失公允。其实，不知足是一种最原始的心理需求，知足则是一种理性思维后的达观与开脱。

列夫·托尔斯泰说：“俄罗斯人对于自己的财产从不满足，而对于自己的智慧却相当自信。”这就说明了知足的两重性。人们对于物欲的追求总会优越于精神的追求。在精神上的知足往往不能满足物质的需求，这与人类的第一需要温饱有关。

老子说过：“有所为才能有所不为。”换句话说，能知足才知不足。诸如，在物资匮乏的年代，我们会满足于一日三餐的粗茶淡饭，但我们深知，我们对于饮食的需求远不只这些，只要条件许可，我们就会要酒要肉，吃完了还想跳个舞。

知足与不知足是一个量化的过程。我们不会把知足停留在某一个水平上，也不会把不知足固定在某一个需要上。

不同的年代，不同的环境，不同的阶层，不同的年龄，不同的生活经历，知足与不知足总会相互转化。穷苦的青年人还是不要知足的好，唯有这样，生活才会改观；一夜暴富的大款们，对于知识的追求多一些也许可以提升生活质量。但知足的农民从不强迫自己当总统，安分守己的乡村教师会把按时领到薪水作为对自己最大的慰藉。

知足使人平静、安详、达观、超脱；不知足使人骚动、搏击、进取、奋斗；知足智在知不可行而不行，不知足慧在可行而必行之。若知不行而勉为其难，势必劳而无功；若知可行而不行，这就是堕落和懈怠。这两者之间实际是一个“度”的问题。度是分寸，是智慧，更是水平，只有在温度合适的条件下，树木才会发芽，也不至于因控制不好火候而把钢材炼成生铁。《渔夫和金鱼的故事》中的那个老太婆的最大失败，就是没有把握好知足这个“度”。

在知足与不知足之间，我们更多地倾向于知足。因为它会让我们心地坦然。无所取，无所需，就不会有太多的思想负荷。在知足的心态下，一切都会变得合理、正常、坦然，我们还会有什么不切合实际的欲望和要求呢？

曾国藩的“不求诗”，你也看看

曾国藩在我国近代历史上是个举足轻重的人物，我们暂且抛开他的功过得失不谈，说说他的为人处世，家教家训。

曾国藩身居要职而能保持心静，深谙人情世故，而且善于教子，家教甚严。他曾写过一首《不求诗》，是于同治九年六月赴天津之前写给两个儿子的，带有“以备不虞”的遗嘱性质，反映了曾国藩知足勿贪、于世少求、豁达宽容的人生观。在他的教育下，这两个孩子都各有所成。长子曾纪泽后来成为一名学贯中西的外交官，为了祖国的利益与俄国人力争，对保持新疆的领土完整做出了很大贡献。次子纪鸿精通数学，为同辈人所折服。我们读这首《不求诗》，也可以从中汲取有益的成分。

“知足天地宽，贪得宇宙隘。岂无过人质，多欲为患害。在约每思丰，居困常求泰。富求千乘车，贵求万钉带。未得求速偿，既得求勿坏。芬馨比椒兰，磐固方泰岱。求荣不知厌，志亢神愈觥。岁燠有时寒，日明有时晦。时来多善缘，运去生灾怪。诸福不可期，百殃纷来会。片言动招尤，举足便有碍。戚戚抱殷忧，精爽日凋瘵。翘首望八荒，乾坤一何大。安荣无遽欣，患难无遽憝。君看十人中，八九无倚赖。人穷多过我，我穷犹可耐。而况处夷途，奚事生嗟忾。于世少所求，俯仰有余快。俟命堪终古，曾不愿乎外。”

前四句总括个人应该持有的人生态度：人要知足，这样就会觉得周围的空间十分广阔；如果对周围一切都很贪婪，那么你就会感到世间是多么狭小。每个人当然都有各自的长处，但欲望太多对个人来说实在是个祸害。接下来曾国藩叙述了贪婪的各种表现：一个人在生活简单的时候总想着日子要过得丰盛些，家庭在拮据的时候总是希求宽裕一些，当然，这些想法倒还情有可原，但人的欲求并非到此为止，因为富裕了就进一步企望更多的荣华富贵，在没有满足要求之前只想快快得到，在满足了欲望之后又想长久保持。如此这般，一个人的欲望永远都是无法完全满足的，好了还想更好，芬芳香馨要用椒兰来比，牢固坚实就与泰山相比，追求荣华富贵从不知道满足，贪婪日益增多，越来越追求奢侈。所有这些都满足了之后，人生就能一帆风顺、风平浪静了？实际上并非如此，曾国藩笔锋一转，着力叙述人生道路之坎坷不平、艰险莫测：季节温暖的时候也会出现寒冷，太阳明媚的时候也会产生黄昏。大自然的规律与人生道路也差不多，时运降临到你头上时就会有很多好事，而不走运的时候到处都是灾难。倒霉之时，一句话、一个举动都可能招致灾祸，这样一来，就会整天满怀忧虑，无比痛苦，精神若失，凋敝不堪乃至日久生病了。

由此可见，欲望过多不仅不可能完全实现，而且危害不浅，很有可能招来灾祸，实在是很不值得。然而，人世遭际纷繁复杂，用什么样的态度来看待其中的得失呢？

曾国藩告诫两个儿子：一个人的心胸一定要宽大，抬头看看世界，多么广阔，何必把自己的眼光停留、局限在狭小的细枝末节上去呢？有了荣华富贵不要高兴得不得了，艰难困苦也不必怨恨得受不住，因为我看十个人有八九个比我还穷。最后，曾国藩用几句话表达自己的人生态度，同时也是对上面的观点进行总结："于世少所求，俯仰有余快。俟命堪终古，曾不愿乎外。"对世上的东西不是要求太多，一举一动都会感觉到活得很愉快，随遇而安，就能永葆安乐。我也不希望你们例外。

曾国藩不仅自己善于做人，人生态度非常明确，而且能够精当地表达出来，教导家人，他留下的大量家书已经成为后人学习的范本。这首"不求诗"表现了他善于克制自己的欲望，心胸宽广，豁达从事的风格，值得我们学习。

知足的人往往自得其乐

荣启期是春秋战国时期的有名隐士，在动乱的年代里，这位老庄的信徒相信无为而治，在自然中寻求自己的安宁和满足。他隐居山林，自给自足。当儒士策士们为了自己的观念和名利积极进取入世，穿梭在各国之间时，荣启期安守清寒，自得其乐。

一天，荣启期刚刚做完自己田地的工作，然后他开心地在郊野中行走。他穿着粗糙的皮衣，腰里系着一根绳子，邋里邋遢的；他面目清瘦，肤色黝黑，一看就是终年辛苦劳作的人。可是他却愉快地一面弹琴，一面唱歌，无忧无虑。

荣启期走到半路上遇见了这时一直游历各国的孔子，孔子看着他的行状，有些不理解，问道："您这样贫穷却又如此快乐，这是为什么呢？"

荣启期回答说："我快乐的原因太多啦，大自然孕育各种飞禽走兽、昆虫鱼虾，只有人最尊贵。我能够做人，这是第一快乐；人有男女之分，男的尊贵，女的卑贱。我生为男人，这是第二快乐；人生下来，有的没有看到日月便夭殇，有的还没有脱离母亲的怀抱便短命而亡，我却活到九十岁了，这是第三种快乐。贫穷是人的一般情况，死亡是人的必然结果，人们害怕恐惧的不过是人生的一般情况，和最终的结果罢啦。我之所以可以如此安然地面对，也不过是安于一般情况，等待必然结果，还有什么忧虑呢？"

孔子说："好呀，你真是一个能够宽解自己的人。"

其实自得其乐并不容易，它是寻找生活乐趣的必要条件。做到自得其乐，因此我们必须学会知足，懂得知足者常乐的道理。此外，还要善于比较，善于发现自己的优势，对比别人的劣势，不能终日这山望着那山高。只有这样才能尽享生活的乐趣，不至于终日陷在没有止境的烦恼中，悲伤自怜，难以见到生命的阳光。

如果想成为一个幸福的人，就应该学会知足，知足者才能常乐。困境中知道寻求比上不足比下有余的平衡，从而满足自己的现状，珍惜自己的拥有，远离欲望的烦恼，品味人生的快乐，能保持精神愉快，情绪安定，乐而忘忧。

所谓知足，是种平和的境界。所谓常乐，是一种开阔的人生态度，是说一个人懂得取舍，也懂得放弃，更懂得适可而止。而不是说一个人安于现状，没有追求、没有目标。

知足常乐并非阿Q精神，它是一种自我解脱，是调整情绪，取得心理平衡的良药。拥有它，就会变得豁达开朗，心胸宽阔，而快乐也将会常伴你的左右。

活得简单才能活得自由

中国作家刘心武说："在五光十色的现代世界中，让我们记住一个古老的真理：活得简单才能活得自由。"

的确，简单是一种美，是一种朴实且散发着灵魂香味的美。

简单是一种智慧，是一种经历复杂之后的更上层楼的彻悟。

我们常常会叹息生活这部车太沉、太重，累得我们疲惫不堪，几乎要迷失方向。于是心生疑惑：是自己缺少热情和精力去面对生活，还是生活本身就如此呢？

人来到这个世上，并非为了受苦受累。寻找生活的乐趣、追求人生的幸福才是人类永恒的追求。有人说，没有最好的生活，只有最好的设计，这是很有道理的。生活轻松快乐与生活劳累烦闷的感觉，大半是由自己营造出来的。

现代人的生活过得太复杂了，到处都充斥着金钱、功名、利欲的角逐，到处都充斥着新奇和时髦的事物。被这样复杂的生活所牵扯，我们能不疲惫吗？

梭罗有一句名言感人至深："简单点儿，再简单点儿！奢侈与舒适的生活，实际上妨碍了人类的进步。"他发现，当他生活上的需要简化到最低限度时，生活反而更加充实。因为他已经无须为了满足那些不必要的欲望而使心神分散。

简单地做人，简单的生活，想想也没什么不好。金钱、功名、出人头地、飞黄腾达，当然是一种人生。但能在灯红酒绿、推杯换盏、斤斤计较、欲望和诱惑之外，不依附权势，不贪求金钱，心静如水，无怨无争，拥有一份简单的生活，不也是一种很惬意的人生吗？毕竟，你用不着挖空心思去追逐名利，用不着留意别人看你的眼神，没有锁链的心灵，快乐而自由，随心所欲，该哭就哭，想笑就笑，虽不能活得出人头地、风风光光，但这又有什么关系呢！

生活未必都要轰轰烈烈，"云霞青松作我伴，一壶浊酒清淡心"，这种意境不是也很清静自然，像清澈的溪流一样富于诗意吗？生活在简单中自有简单的美好，这是生活在喧嚣中的人所渴求不到的。晋代的陶渊明似乎早已明了其中的真意，所以有诗云："结庐在人境，而无车马喧。问君何能尔？心远地自偏。采菊东篱下，悠然见南山。山气日夕佳，飞鸟相与还。此中有真意，欲辩已忘言。"简单地生活其实是很迷人的：窗外云淡风轻，屋内香茶萦绕，一束插在牛奶瓶里的漂亮水仙，穿透洁净的耀眼阳光，美丽地开放着；在阳光灿烂的午后，你终于又来到了年轻时的山坡，放飞着童年时的风筝；落日的余晖之中，你静静地享受着夕阳下清心寡欲的快乐……

简单做人，不依附权势，不贪求名利和金钱，无怨无争，也是一种人生。这种人生为自己而活，不必看别人的脸色行事，想笑就笑，想哭就哭，快乐自在。虽然没有人送礼，没有人吹捧，但也没有人惦记，出门不用小心坏人，在单位不用提防小人。生活反而更轻松。这种人生更精彩。

记住，你不需要过高的期望。

不少人对生活的憧憬是这样的：拥有宽敞豪华的寓所；争取更高的社会地位；买高档商品，穿名贵的皮革；跟上流行的大潮，永不落伍，等等。

不能否认这些方面可以成为生活的部分，但生活是这些吗？富裕奢华的生活需要付出巨大的代价，如果我们降低对物质的需求，我们将节省更多的时间充实自己。轻闲的生活会让更加自信，增进并珍视人与人之间的情感，提高生活质量。幸福、快乐、轻松或许对我们来说更有意义。

许多人认为私人住宅能带给人安全感，比财富、婚姻更为重要。但是，现在随着土地价格的升高，拥有一幢房子需要付出的代价越来越大。其实，如果仔细地计算一下得失，想一想生活中其他的乐趣，就会发现它并不是那么重要。

有一个人几年前厌倦了城市生活，于是辞去了工作，卖掉房屋，携带妻儿出外漫游。回来以后，他们租了一间宽敞明亮的公寓，这为他们省下很多开支。当他们想再去旅行的时候，也不再觉得房产是沉重的负担。他们看起来就像是生活朴素而逍遥自在的人。

租房子的好处是不会有巨大的经济压力，租房的费用与买房相比简直不值一提。租房也意味着很多的选择，对现在的状况不满意了，就简单地改变一下。

很多租房的人他们并没有一点漂泊不定的感觉，相反，从某种意义上说，他们有更多的时间和精力去从事自己喜欢的活动，得到更多快乐。当然这些只是一方面，或许有人更偏爱拥有房子的感觉，那就为它而努力吧，这样你也是快乐的。在社会中与人更好地相处是正常的，它是生活的一部分。与人相处不好会让我们感到不愉快，甚至非常痛苦。我们需要朋友，这能减少我们的孤独，让我们感觉安全。但当朋友带来的痛苦多于快乐时，你就应该勇敢地结束这种友情。总之，如果学会简化生活，那么生活这部车子就会跑得快跑得欢了。

“简化”是生活中第一要做的事情。就像美丽精致的杂物一样，再好，也是杂物，应该从生活中坚决剔除出去。

简化的第一步就是要知道什么是自己真正想要的。不妨在手边常备一张便条纸、一支笔，把自己想要的东西、想完成的改变列个清单。当达到其中一项目标时，你会有强烈的成就感和满足感；如果暂时做不到，那么只是把它放在清单上就好了。过一段时间，你可能会惊奇地发现有的愿望居然自己实现了；或者你不再那么想要它。

简化生活就是要做到心存简单，不要让太多的欲望拖着上路，不要总认为别人拥有的自己也应当拥有，终日惶惶不安地迷失在自己制造的种种需求中，在物欲的罗网里苦苦挣扎；简化生活就是要安于淡泊、远离名利，不要让太多的虚荣不停地抽击生活的陀螺，不要让太多的名利思想遮去心头灿烂的阳光；简化生活就是积极创造生活、热爱生活，我们不能以被动的消极姿态去对待生活。

简单的生活是有目的的生活，保证有时间做自己想做的事，而不是让时光在繁乱的家事中流走。

简单的生活对自身、对环境保持真实，发现生活各个方面的合适位置。这是崇高的。

简单的生活是将生活和现实（有限的收入、时间和精力）与价值结合，并将它们应用到一种舒适、有效的生活方式中。它是一种“生活的艺术”，是一种谋求生存、面对自我和勇于革新的艺术。

记住，最简单的生活往往才是最精彩的！

忙里偷闲，劳逸结合

作为繁忙的都市人，你有多久没有躺卧在草地上，凝望苍穹，望天上云卷云舒，看夜空繁星闪烁了？你有多久没有亲近大地，观草木荣衰了？你有多久没有陪家人朋友共享一顿丰盛的烛光晚餐了？很久了吧，对不对？

现代人太忙了，忙碌烦躁，是多数人生活的写照。每天总是忙、忙、忙，越忙碌，就越觉得生活茫然。不知为何要这么忙，却又是忙、忙、忙。于是，盲目、忙碌、茫然，成天游来荡去，累了、烦了，却还是摆脱不了。忙碌仿佛成了一种惯性，而一旦脱离了这种惯性，整个人又似没有了魂的幽灵，整天晃来荡去不知所措。偶尔工作的余暇有片刻的松懈，又仿佛是偷来的快乐，不敢受用。

商界一个名人在接受访时说道："我每天工作超过 18 个小时！常常是连吃饭的时间都在工作！"而此人得到的结果竟是吃几场官司，坐了一次牢狱，并最终于 47 岁英年早逝。虽然累积了几亿财富，但在世时他得到的似乎仅仅是忙碌和烦躁而已。

忙碌已非一种状况，而成了一种习惯。没有人喜欢忙碌，但不忙碌又害怕自己会落伍，会被社会所淘汰。对于大多数人来说，淘汰的危机与发展的危机并存，因此许多人都处在不穷也不富的尴尬阶段，放弃工作便一穷二白，停下脚步便身心皆空。于是，只能马不停蹄地向前奔，只能用透支的身体作为生命中唯一的本钱，为"希望中的未来"而辛苦奔波。

没见过一个发条永远上得十足的表会走得长久；没见过一个马力经常加到极限的车会用得长久；没见过一个绷得过紧的琴弦不易断；也没见过一个心情日夜紧张的人不易得病。人们在尘世的喧嚣中日复一日地进行着各自的奔波劳碌，像蜜蜂般振动着生活的羽翅，难免会有种种不安。所以，我们何不放慢脚步，静下心来想想，每分每秒的忙碌，除了累坏了身体，增加了脸上的皱纹外，我们又得到了什么？

"革命尚未成功，同志仍须努力"，社会要发展，人类要进步，忙是自然要忙的。然而这绝不是人生的全部。人生不仅需要工作，也需要休息；人生不仅需要忙碌，也需要休闲。我们不能无休止地忙，人生如果没有休闲，就像一幅国画挤满了山水而不留一点空隙，缺乏美感。人生没有悠闲，就不能领悟、体味、享受人生。所以忙碌中要学会偷闲。

泰戈尔在《飞鸟集》中写道：“休息之隶属于工作，正如眼睑之隶属于眼睛。”不会休息的人就不会工作，只有休息好了，才能更好地工作，才会有更好的生活。如果一味地、盲目地去忙，连革命的本钱都搞垮了，那人生也就没有忙的意义了。我们崇拜陈景润，但我们不赞成他那种不顾一切，废寝忘食，以致英年早逝的生存哲学。

人生就像登山，不是为了登山而登山，而着重在于攀登中的观赏、感受与互动，如果忽略了沿途风光，也就体会不到其中的乐趣。人们最美的理想、最大的希望便是过上幸福生活，而幸福生活是一个过程，不是忙碌一生后才能到达的一个顶点。

古人云：“一张一弛，乃文武之道。”人生也应该有张有弛，也应该忙中有闲。人生就像条弦，太松了，弹不出优美的乐曲，太紧了，容易断，只有松紧合适，才能奏出舒缓优雅的乐章。

俗话说：“磨刀不误砍柴工。”悠闲与工作并不矛盾。处理好二者的关系，最重要的是能拿得起，放得下。工作时就全身心投入，高效运转。放松时就放松，把工作完全放在一边，不要总是牵肠挂肚，去钓鱼、去登山、去观海，想干啥就干啥。

其次就是工作休闲应该搭配得当，不能忙时累个半死，闲时又闲得让人受不了。可以隔三差五地安排一个小节目，比如雨中散步、周末郊游、鸳鸯共浴等。适时的忙里偷闲，可以让人适时从烦躁、疲惫中及时摆脱，为了更好地工作而积蓄精力。

你的心灵也需要阳光

生而为人，就需要面对自然界的无穷变化，诸如山崩地裂、狂风暴雨、酷寒炙热等。而生活在这个时代里，更需接受科学及为满足物欲需求，对生存环境的破坏所带来的恶果。例如：各种剧烈病痛的产生、河水土壤的污染、动物植物的灭绝等，这些现象处处都影响着我们人类的生命及财产的安全。

当灾难或困境来临时，我们是无法逃避的，事实上我们也逃避不了。事情既然发生了，任谁都无法改变现状，使其恢复原来的面貌，所以再多的哀怨与丧志都于事无补。唯有放开郁闷的心胸，迈开脚步，一点一滴重整自己的生活环境，如此，生命必将丰盈，理想亦可实现，因为生命力的展现，乃是此时此刻的耕耘，而不是缅怀过去，或是寄望将来。

事实上，我们的心窗并未被关闭，而生命之光也依然是明亮的，我们只是暂时地被恐惧、害怕、担忧、无助、失落的情绪所蒙蔽着。就像一面明镜，表面沾满了灰尘一般，如将灰尘清除干净，则明镜依然可明亮照人。

当面临困境或灾难时，我们如何消除内心诸多不安的情绪，并重新建立起自己的自信心呢？

首先，我们应欣然地接受事实，并承受内心的害怕及肉体的痛苦，不要想刻意地逃避它，那是做不到的。但我们却可用正向的思想作用，使这些忧虑的情绪消除于无形当中，因为恐惧的情绪，只是心理的作用。反面的思想作用，产生了不安全的感觉；正面的作用，产生希望和理想。这些作用都由我们自己选择，每一个人都有能力完全控制自己的内心。有一位英国著名的解剖学者，被一名学生问到："什么是医治恐惧的良方"，他的答案是："试着替别人服务"。这学生听了感到惊奇，要求他加以说明，他说："人的内心，不能同时存有两种心思，一种心思会把另外一种赶走，例如：你内心已充满无私助人的念头，你就不会同时产生害怕的心情。"

其次，我们要认清一件事实，那就是世间所有的一切，它是无时无刻不在变动着，没有任何一件事物，可保长久不变。所以，我们永远无法抓住想拥有的东西，包括我们自己的身体在内。能够以此心态看待万事万物的幻化，则心胸必将豁然开朗，不再执着抓取，不思拥有，就不会担心害怕失去，所以恐惧、忧愁不安的情绪亦将远离，随风而去。

最后，虽然我们面对困境，但绝对不可自我放弃，认为自己已没有能力或任何机会完成生活目标，这是对自己不负责任的想法，他人的协助是有限的，而自己的能力却是无穷的。所以要实时采取行动，把心力用在可使力的事情上，要想自己可以做的事，去做该做而且能做的事，这能带动振作，鼓舞精神力，显现生机。活力是从工作中产生的，在工作中可完成目标，看到自己努力的成果，能感觉自己生存的价值，使内心充满喜悦。

随时随地，我们都可看到墙壁的细缝中，长出了不知名的小树、小花、小草，亦有更多攀爬类的树种。依实际状况，它们的生存环境，应该算是很差的，没有土壤的培育，养分的供给，只靠雨水或露水维持生命。它们不仅存活得很好，而且枝叶茂盛，甚至爬满了整面的墙壁。污泥中的莲花，在污泥之下长出的莲藕，提供了我们既爽口又高营养的食物，而池面上的荷叶，虽被风吹或雨打而显现得枯黄叶破，但亦丝毫无损于绿叶衬托的作用，并支撑着花梗，使莲花绽放得更为摇曳生姿。由此观之，这是自然界给我们最好的启示，不管环境是如何的恶劣，只要我们有毅力，重新做起，就能创造生机，建设理想的家园，完成生活的目标。同时，也可以从这个现象中看出，活着就有它生存的意义。

因此，每天晨起就给自己一个期望，当睁开眼睛之后，就想着我今天可以去做什么，并把它完成。活得有目标，做起事来，就会更加有劲，对自己所许下的心愿，任谁都会很乐意，并且很勤快地完成它。在工作的过程中，可以发觉乐趣、激发脑力，甚至有更佳的创意产生，这都是我们能力的展现及潜能的发挥，也是自我理想的实现。生命的意义，并不一定要建立在丰功伟业上，任何一点小小的成果，也同样可以显示出生命的价值。

解放心灵，你做得到吗

有个长发公主叫雷凡莎，她头上披着很长很长的金发，长得很俊很美。雷凡莎自幼被囚禁在古堡的塔里，和她住在一起的老巫天天念叨雷凡莎长得很丑。

一天，一位年轻英俊的王子从塔下经过，被雷凡莎的美貌惊呆了，从这以后，他天天都要到这里来，一饱眼福。雷凡莎从王子的眼睛里认清了自己的美丽，同时也从王子的眼睛进而发现了自己的自由和未来。有一天，她终于放下头上长长的金发，让王子攀着长发爬上塔顶，把她从塔里解救出来。

囚禁雷凡莎的不是别人，正是她自己，那个老巫婆是她心里迷失自我的魔鬼，她听信了魔鬼的话，以为自己长得很丑，不愿见人，就把自己囚禁在塔里。

其实，人在很多时候不就像这个长发公主吗？人心很容易被种种烦恼和物欲所捆绑。那都是自己把自己关进去的，就像长发公主，把老巫婆的话信以为真，自己认为自己长得很丑，因此把自己囚禁起来。

就是因为自己心中的枷锁，我们凡事都要考虑别人怎么想，别人的想法深深套在自己的心头，从而束缚了自己的手脚，使自己停滞不前。就是因为自己心中的枷锁，我们独特的创意被自己抹杀，认为自己无法成功；告诉自己，难以成为配偶心目中理想的另一半，无法成为孩子心目中理想的父母、父母心目中理想的孩子。然后，开始向环境低头，甚至于开始认命、怨天尤人。

仔细想想，很多时候，在人生的海洋中，我们就犹如一只游动的鱼，本来可以自由自在地游动，寻找食物，欣赏海底世界的景致，享受生命的丰富情趣。但突然有一天，我们遇到了珊瑚礁，然后自己就不愿再动弹了，并且呐喊着说自己陷入绝境。这，想想不可笑吗？自己给自己营造了心灵的监狱，然后钻进去，坐以待毙。

人的一生的确充满许多坎坷，许多愧疚，许多迷惘，许多无奈，稍不留神，我们就会被自己营造的心灵的监狱所监禁。而心狱，是残害我们心灵的极大杀手，它在使心灵凋零的同时又严重地威胁着我们的健康。

同样的道理，欲望对于某些人而言，是一种毒药，它禁锢了我们的内心，让我们变得贪婪，当心灵充斥着欲望，那么我们活着又有什么意义呢？

有一位修行人，离开了他原先修行时所在的村庄，到荒无人烟的深山老林里去进一步苦修。他只带了一块布当作衣服，就一个人到山里去了。

住了一段时间，他在洗衣服的时候，发现需要另外一块布来替换，就下了山，回到村里，向村民们讨一块布当作衣服。村民们都知道他是一位虔诚的修行人，毫不犹豫地给了他一块布。

这位修行人回到山里，不久，他发现在他住的茅草屋子里，有一只老鼠。这只老鼠经常在他专心打坐的时候，出来咬他那件准备换洗的衣服。他在这以前已经发过誓，说自己一生会严格遵守不杀生的戒律，因此他不愿意去伤害那只老鼠。但他又没办法赶走那只老鼠，所以他又回到村里，向村民要了一只猫来饲养。

带回了这只猫之后，他又想：这只猫要吃什么呢？这只猫是用来吓走老鼠的，不是让它去吃老鼠的。但这只猫总不能跟我一样，每天只吃一些水果和野菜吧！于是他又向村民讨了一只奶牛，这样，这只猫就可以靠喝牛奶活下去了。

修行人在山里住了一段时间以后，发现每天都要花很多的时间来照顾那只奶牛，于是他又回到村里，找了一个无家可归的流浪汉，将他带到山中，帮自己照顾奶牛。

流浪汉在山中住了一段日子后，向修行人抱怨说：我跟你不一样，我需要一个女人，我想要过正常的家庭生活。修行人一想，也有道理，我不能强迫别人一定要跟自己一样啊。

于是他又下山，给流浪汉找了一个老婆……

故事就这样不断地演了下去。到了后来，大半个村子都搬到山上去了。

欲望就是这样的一条锁链，接二连三，无休无止，越来越长。不知不觉间，我们就被自己欲望的锁链牢牢地拴住了。

如果我们被欲望的锁链拴住，我们就会失去人生的自由而得不偿失。

心中的瓶颈，你打破了吗

巴特先生面临了工作上的瓶颈，他很想突破，但却觉得似乎总是有心无力。于是，他决定找生涯辅导专家为他进行谘商。

他来到了生涯发展中心，辅导老师为他分析了现状及瓶颈产生的原因，也和他共同拟订未来的行动方案，协助他改变目前的困境。

然而，经过了几次的协谈，巴特先生仍然在原地踏步，不论是分析现况或规划未来，在谘商的过程中，巴特先生最常说的一句话就是：“我知道……但是……”

我知道我应该要努力走出一条属于自己的路，但是我担心自己的能力不够！

我知道自己最想做的是和艺术有关的工作，但是家人期望我当工程师。

我知道应该要多运动，但是工作实在太忙了，忙得没有时间。

我知道我要改一改自己的脾气，但是个性本来就不容易改变。

虽然是一句话看起来稀松平常，也常被挂在嘴边的话，然而，当我们也成为“巴特族”的一员（因为动不动就但是），经常讲出这样的话时，就代表我们的思考模式已经习惯地朝向限制性的想法。

限制性的想法像一个无形的牢笼，使人动弹不得，就像一则禅宗公案：一位弟子来到禅师面前，请求师父教他解脱之道，师父问：“是谁绑了你？”

弟子纳闷地看了看自己身上，困惑地说：“没有人绑我啊！”

禅师笑答：“既然没有人绑你，为何要求解脱呢？”

在日常生活中，我们经常不自觉地被一些习惯性的想法所限制，例如：

从来没有人这样做过，还是不要冒险吧！

以目前的状况，绝对不可能完成。

这样做别人会怎么想？

这怎么可能做得到呢？别傻了。

我看不出有什么可能性，不可能会成功的。

我的学历（财力、人力……）不足，还是别妄想了。

心灵的力量是很大的，尤其是限制性或负面思考，形成了我们的内心对话，往往阻碍了我们迈向成长与成功的可能性。

简单是一种美，是一种灵魂的升华

简单是一种美，是一种朴实且散发着灵魂香味的美。

简单不是粗陋，不是做作，而是一种真正的大彻大悟之后的升华。

从前有个大富翁，家有良田万顷，身边妻妾成群，可日子过得并不开心。而挨着他家高墙的外面，住着一户穷铁匠，夫妻俩整天有说有笑，日子过得很开心。

一天，富翁的小老婆听见隔壁夫妻唱歌，便对富翁说："我们虽然有万贯家产，还不如穷铁匠开心！"富翁想了想笑着说："我能叫他们明天唱不出声来！"于是拿了家里所有的金条，从墙头扔了过去。打铁的夫妻俩第二天扫院子时发现不明不白的金条，心里又高兴又紧张，为了这些金条，他们连铁匠炉子上的活也丢下不干了。男的说："咱们用金条置些好田地。"女的说，"不行！金条让人发现，会怀疑我们是偷来的。"男的说："你先把金条藏在炕洞里。"女的摇头说："藏在炕洞里会被贼娃子偷去。"他俩商量来，讨论去，谁也想不出好办法。从此，夫妻俩吃饭不香，觉也睡不安稳，当然再也听不到他们的欢笑和歌声了。富翁对他的小老婆说："你看，他们不再说笑，不再唱歌了吧！"而富翁却因家里再也没有金条，不用防备盗贼，心里变得轻松起来，他们夫妻每天都有好心情唱歌了。看，开心就是如此简单。

铁匠夫妻俩之所以失去了往日的开心，是因为得了不明不白的金条，为了这不义之财，他们既怕别人发现怀疑，又怕被人偷去，有了金条不知如何处置，所以终日寝食难安。

现实生活中也是如此，有些大款虽然守着一堆花花绿绿的票子，守着一幢豪华的洋房，守着一位貌合神离的天仙，未必就能咀嚼出生活的真趣味。

开心不开心同样也不能用手中的"权"来衡量。有了权，未必就能天天开心。我们时常看到有些弄权者，为了保护自己的"乌纱帽"，处处阿谀逢迎，事事言听计从，失去了做人的尊严，哪里还有什么真正的开心？

俄国诗人涅克拉索夫的长诗《在俄罗斯，谁能幸福和快乐》，诗人找遍快乐，最终找到快乐的人竟是枕锄瞌睡的农夫。是的，这位农夫有强壮的身体，能吃能喝能睡，从他打瞌睡的眉间里和他打呼噜的声音中，无不飞扬和流露出由衷的开心。这位农夫为什么能开心？不外乎两个原因，一是知足常乐，二是劳动能给人带来快乐和开心。

法国杰出作家罗曼·罗兰说得好，“一个人快乐与否，决不依据获得了或失去了什么，而只能在于自身感觉怎样。”

有的人大富大贵，别人看他很幸福，可他自己身在福中不知福，心里老觉得不痛快；有的人，别人看他离幸福很远，他自己却时时与幸福邂逅。

有对下岗的年轻夫妇，在早市上百个小摊，靠微薄的收入维持全家五口人的生活。这夫妇俩过去爱跳舞，现在没钱进舞厅，就在自家院子里打开收录机转悠起来。男的喜欢喂鸟，女的喜欢养花。下岗后，鸟笼里依旧传出悦耳动听的鸟鸣声；阳台上的花儿依旧鲜艳夺目。他俩下了岗，收入减少了许多，还乐个不停，邻居们都用惊异的目光看着他俩。

是的，我们虽然无法改变我们的境况，但我们可以改变自己的心态。没了工作不要紧，但不能没有快乐，如果连快乐都失去了，那活着还有什么意义。因为快乐是人的天性的追求，开心是生命中最顽强、最执着的律动。

心灵也要呼吸，自由地呼吸

一个能够控制自己思想的人，一定能够以希望替代失望，以积极代替消极，以决心代替怀疑，以乐观代替悲观，也能够在心中充满各种积极的思想，能肃清一切精神上的敌人。他们比一个为忧郁、颓废、恐惧等思想所奴役的人要优越得多。前者生命中的成就，一定可以超过后者，虽然后者的天赋、能力有时可能优于前者。在任何情况下，你都不能容许那些悲观、病态、混乱的思想侵入你的内心！思想观念具有排异性，乐观会赶走悲观，愉快会带走忧愁，希望会赶走失望。积极的人具有良善忠厚的思想、爱人助人的思想、真实和谐的思想，这样的思想足以唤起我们生命中最高尚的情操，使我们的生命变得更加健康、美丽、和谐，更加生机勃勃。

维克多·弗兰克身为犹太裔心理学家，第二次世界大战期间被关进纳粹集中营，遭遇非常悲惨。他的父母、妻子和兄弟均死于纳粹的魔掌，亲人只剩下一个妹妹。他本人更受到严刑拷打。

有一天，他赤身独处于囚室，忽然醒悟，产生了一种全新的感受——日后命名为“人类终极的自由”。当时他只知道这种自由是纳粹德寇无法剥夺的。从客观环境上来看他完全受制于人，但自我意识却是独立的，超脱于肉体束缚之外。他可以自行决定外界的刺激对本身的影响程度。

他在脑海里设想各式各样的情况。譬如，获释后将如何站在讲台上，把在这一段痛苦的经历中学到的教训，传授给自己的学生。凭着想象和记忆，他不断锻炼自己的意志，直到心灵的自由终于超越了纳粹的禁锢，他的这种超越也感染了其他的囚犯，甚至狱卒。他协助狱友在苦难中找到了生存的意义，寻回了自尊。处在最恶劣的环境中，弗兰克运用难得的自我意识天赋，发掘了人性中最可贵的一面，那就是人有“选择的自由”。这种自由来自于人类特有的四种天赋。除了自我意识，我们还有“想象力”，能超出现实之外；还有“良知”，能明辨是非和善恶；更有“独立意志”，能够不受外力影响，自行其是。

处于恶劣的环境时，如何使自己改变现实而不至于陷入绝望呢？弗兰克在狱中发现的人生准则，正是我们营造自治自立人生的首要准则——自由意志。自由意志的含义不仅在于采取行动，还代表必须为自己的行为负责。个人行动取决于人本身，而不是外在的环境。理智可以战胜情感，人有能力、也有责任创造有利的外部环境。当我们对外部环境无能为力时，也不要放弃，要培养自我的心灵自由，将自我引向积极和美好的一面。始终在内心积聚力量等待时机，最终为自己赢来好的外在环境。

生活总是这个样子，想美好的事情，你就会找到快乐，走向成功；想失意的事情，你就会走向绝望的深渊。一定要记住，你有选择的力量。选择健康、快乐和幸福，你的潜意识就会接受，并使你成为这样的人；选择做一个健康、快乐、友善的人，整个世界就会改变。

要学会“游手好闲”

有这样一个故事：在非洲草原上，太阳即将升起，一头狮子对自己说：“我必须要奔跑，这样才能追上跑得最慢的羚羊，不至于被饿死。”一只羚羊对自己说：“我必须奔跑，才不会被狮子咬死。”生活中我们不也和那狮子与羚羊一样，整天为了不同的追求而“奔跑”，有的人是为成功而奋斗，而有的人却像《阿甘正传》里跟在阿甘后面的那群人一样，因为别人跑，所以我也跑。然而，成功无止境，奋斗无休止，所以奔跑无穷期。

当然，不能完全否认“奔跑”的正面作用，因为没有奋斗，社会便没有进步。但是，眼下我们却是在无休止地跑，时刻都不停地跑。在这种氛围下，许多人一边“奔跑”，一边是被疲惫、挫折感、危机感、失落感缠身，且与日俱增。难道我们的人生就是狮子与羚羊你死我活的对局吗？难道我们的理想就是在气喘吁吁的奔波劳苦中攫取和逃生吗？如果我们奋斗终生就是像狮子一样为了找口饭吃，就是为了吃得更好些，住得更舒服一些，那人生是不是乏味了？生命中难道仅有奋斗和痛苦吗？

上帝问三个凡人：“你们来到人间是为什么呢？”

第一个回答：“我来这个世界是为了享受生活。”

第二个回答：“我来到这个世界是为了承受痛苦。”

第三个回答：“我既要承受生活给我的磨难，又要享受生活赐给我的幸福。”

上帝给前两个人打 50 分，给第三个人打 100 分。

人生在世，不仅是奔波，也不仅是享受，人生应是既有奋斗也有享受，应该是忙里不忘休闲，工作之余不忘品味人生的快乐与幸福，不忘领取上帝的恩赐。

据国外心理学家的调查，几乎有三分之二以工作为中心的人，下班后不懂得放松，许多人以为在饭店饮酒取乐、醉生梦死便是放松。可在酒场上的君子们哪一个不是“有备”而来的呢？要么是为了打通关系，要么是为了饭后的红章或签字。这不仅不能缓解心头的压力，反而把身体也累垮了。如果仅是身闲而心不闲，不能让心彻底舒缓，就是周游世界也没有用。只有让身心得到彻底放松，才能真正地休闲，才能真正体味到人生的幸福。生活中我们总是在说压力如何大，倘若肯把自己的目标定低一点，不要一味去追求“羚羊”，即使追到一野鸡也知足的话，生活就会很从容。毕竟闲暇才是人生最优厚的福利。

人生不是你死我活的战场，也不必怀着不成功则成仁的决绝，如果你想奔跑，希望能像阿甘那样——“有一天，我忽然想跑步，于是我就跑了起来。”无论道路多长，都跑得兴高采烈；无论多少人追随，都跑得心无旁骛，有一天不跑了，就转身而去，也不需管身后多少人叽叽喳喳。

心情也需假期，你知道吗

没见过一块发条永远上得十足的表会走得长久；没见过一辆马力经常加到极限的车会用得长久；没见过一根绷得过紧的琴弦不易断；也没见过一个心情日夜紧张的人不易病。所以善用表的人永不把发条上得过足；善驾车的人永不把车开得过快；善操琴的人永不把琴弦绷得过紧；善养生的人永不使心情日夜紧张。

第二次世界大战时，丘吉尔到北非蒙哥马利行辕去闲谈时，蒙哥马利说："我不喝酒，不抽烟，到晚上 10 点钟准时睡觉，所以我现在还是百分之百的健康。"丘吉尔却说："我刚巧跟你相反，既抽烟，又喝酒，而且从不准时睡觉，但我现在却百分之两百的健康。"很多人都引为怪事，丘吉尔这样一位身负两次大战重任，工作繁忙紧张的政治家，生活这样没有规律，何以长寿，而且还百分之两百的健康呢？

其实只要稍加留意就可知道，他健康的关键，全在有恒的锻炼，轻松的心情。其既抽烟，又喝酒，且不准时睡觉则不足为训。你没见他在战事最紧张的周末还去游泳吗？没见他在选举战白热化的时候还去垂钓吗？没见他刚一下台就去画画吗？没见他那微皱起的嘴边上，斜插着一支雪茄的轻松心情吗？

使心情轻松的第一要道是"知止"。"知止"于是而心定，定而后能静，静而后能安，静而且安，心情还有什么不轻松的呢？

使心情轻松的第二要道是"谋定后动"。做任何事情，要先有个周密的安排，安排既定，然后按部就班地去做，能应付自如，不会既忙且乱了。在这瞬息万变的社会里，当然免不了也会出现偶发事件，此时更要沉住气，详细地安排。事事都要谋定后而动，就一定能像谢安那样在淝水之战最紧张时还能有闲情逸致下棋了。

使心情轻松的第三要道是不做不胜任的事。《史记》的《酷吏列传》里有"胜任愉快"一词，合理至切。假如你身兼八职，顾此失彼；或用非所长、心余力绌，心情又怎能轻松呢？

使心情轻松的第四要道是“拿得起，放得下”。对任何事都不可一天 24 小时地念念不忘，寝于斯，食于斯。否则，不仅于身有害，且于事无补。

使心情轻松的第五要道是在轻松心情下工作。工作尽可紧张，但心情须轻松。在你肩负重担的时候，千万记住要哼几句轻松的歌曲。在你写文章写累了的时候，不妨高歌一曲。要知道心情越紧张，工作越做不好。

一个口吃的人，在他悠闲自在地唱歌时，绝不会口吃；一个上台演讲就脸红的人，在他与爱人谈心时一定会娓娓动听。要想身体好，工作好，就一定要在轻松的心情下工作。

使心情轻松的第六要道是多留出一些富余的时间。好多使我们心情紧张的事，都是因为时间短促，怕耽误事。若每一样事都多腾出些时间来，就会不慌不忙，从容不迫了。最好的办法就是把自用表拨快一个相当的时间。时时刻刻用表面上的时间提醒自己，如此则既不误事，又可轻松。

很多医学家都告诉我们在轻松的心情下吃东西容易消化；在紧张的心情下吃东西容易得胃病。一个心情经常轻松的人沾枕头就睡着；一个心情经常紧张的人容易失眠。一个永远从容不迫的人准能长寿；一个紧锁眉头经常紧张的人定会早亡。给心情放个假，你便会时时感到快乐，无忧无虑。

第八章

安静平和方能做情绪的主人

发怒会破坏人们健全的思维能力，使人难以理智地看待和处理问题。有这样的行为，自然会导致那样的后果。无论你是普通人还是伟人，都不必为此而大惊小怪。

安静一下，别做愤怒的小鸟

愤怒是一种很常见的情绪，特别是年轻人，比如血气方刚的小伙子。他们往往三两句话不对，或为了一点芝麻绿豆大的事情就大打出手，造成十分严重的后果。

其实，愤怒是一种很正常的情绪，它本身不是什么问题，但如何表达愤怒则易出问题。有效地表达愤怒会提高我们的自尊感，使我们在自己的生存受到威胁的时候能勇敢地战斗。

但对大多数人来说，适当有效地表达愤怒是很困难的。一般来说，我们要么肆无忌惮、漫无目的地发泄愤怒，要么是把愤怒埋在心底，任它发霉腐烂。暴雨倾盆的愤怒会对别人和自己造成伤害，把我们带离自己原来的目标；而把愤怒强行压制下去也是行不通的，因为压抑的愤怒不会消失，它会以头痛、抑郁、无缘无故的妒忌等形式表现出来。

性情暴躁的人的几种表现：

1. 情绪不稳定。他们往往容易激动。别人的一点友好的表示，他们就会将其视为知己；而话不投机，就会怒不可遏，老拳相向。

2. 多疑，不信任他人。暴躁的人往往很敏感，对别人无意识的动作，或轻微的失误，都看成是对他们极大的冒犯。

3. 自尊心脆弱，怕被否定，以愤怒作为保护自己的方式。有的人希望和别人交朋友，而别人却让他失望，他就给人家强烈的羞辱，以挽回自己的自尊心。可是同时也就永远失去了和这个人亲近的机会。

4. 没有安全感，怕失去。

5. 从小受娇惯，一贯任性，不受约束，随心所欲。

6. 以愤怒作为表达情感的方式。有的人从小父母的教育模式就是打骂，所以他也学会了将拳头作为表达情绪的唯一方式。甚至有时候以愤怒作为表达爱的一种方式。

7. 将别处受到的挫折和不满情绪发泄在无辜的人身上。

控制自己的脾气，请别生气

古代的老子曾说过：“世人秉性不相同，万事万物有前行有后随，有缓慢有急躁。有的坚强，有的虚弱，有的安稳，有的危险。圣人只是除去那种极端的、奢侈的、过分的东西。因此，圣人是顺应自然而不妄为的。”而现代心理学教授钱玉芬则告诉我们，情绪谁都有，即使是大人物，生生气也不是什么大不了的事。说穿了，发怒不过是由于外在强烈刺激而引起的一种不良情绪反应，是人身上真正自然的东西。

你看，伟大的孙中山先生就因为一时的不小心生过气，甚至被部下当面驳了面子。

一天，孙中山在胡汉民的办公室发现了一大堆由他签发、可是被胡汉民束之高阁的手令。他勃然大怒，忍不住拍桌子高声大叫：“展堂！展堂！”

胡汉民匆匆进来，望着孙中山，像是不懂他为什么大发脾气似的。

孙中山脸色苍白，喊道：“我不相信这是真的，这种事情是不可能的！”

“先生究竟说什么事情？”

孙中山一下子把胡汉民的公事箱翻了个底朝天，从里面倒出一堆尘封的文件。他的双眉紧锁，气势汹汹，预示着一场风暴的来临。“你还问我什么事？你看你自己做了什么事！”孙中山大声斥骂。

胡汉民凝然不动，微侧着脸，注意地听着孙中山的训斥，最后他问：“先生还有其他的话要说吗？”

孙中山板着脸：“没有了！”

胡汉民“呼”的一声窜到桌旁，抓起那些文件，一份一份递到孙中山的鼻子下面，并口若悬河地进行自辩：“这份手令事关升黜任免，处置不当，于理不应颁发；那份手令是关于调兵遣将的，不合机宜，发下去势将贻误戎机；而这几份又是关于拨款过多或过少，自待另行斟酌。”

胡汉民语气尖刻地说：“即使在专制时代，也有大臣封驳诏书，请皇帝收回成命的故事。例如唐太宗将以给事中郭承嘏为华州防御使，给事中卢载因为郭承嘏公正守道，屡次封驳，认为他不宜置之外郡，因而他也封还这道诏书，太宗欣然接受，立刻恢复郭承嘏的原职。先生可曾读过这段历史吗？”

“读过。”

“当年先生亲拟中华革命党的党员誓词，其中有‘慎施命令’一条，先生还记得吗？”

“记得。”

胡汉民急急地说着，好像生怕失去了他所占据的上风，“调和鼎鼐，总理阴阳，原是宰相分内的事。我虽无宰相之名，却有其实。请问先生，今日之事是不是我在行使我应有的职权，尽我应尽的责任？”

孙中山紧盯着对方，一声不吭。

“先生，我在请教你呢。”胡汉民咄咄逼人。

这件事真是令先生很尴尬。

以孙中山先生的胸怀与气魄，谁能想到他也会做出一个脾气暴躁的人的行为呢？可见，在生气这件事上，连伟人也是不能免俗的。

说到底，发怒会破坏人们健全的思维能力，使人难以理智地看待和处理问题。有这样的行为，自然会导致那样的后果。无论你是普通人，还是伟人，都不必为此而大惊小怪。

坏脾气不是天生的，别找借口

有很多人在生气之后习惯于给自己找借口，他们说道："我天生就这样。""我也没办法呀!"并以此来求得别人的原谅。如果是人们偶尔如此，我们就会嘲笑他，又在给自己找借口了！可是当他习惯于这样说之后，当我们数十百遍的劝谏都无济于事之后，也许你就会疑惑起来，难道他的脾气真是天生的吗?

在这里，有这么一个禅的故事说得很好。

盘圭禅师说法时不仅浅显易懂，也常在结束之前，让信徒提问题，并当场解说，因此不远千里慕道而来的信徒很多。

有一天，一位信徒请示盘圭禅师说："我天生暴躁，不知要如何改正?"

盘圭："是怎么一个天生法？你把它拿出来给我看，我帮你改掉。"

信徒："不！现在没有，一碰到事情，那'天生'的性急暴躁，才会跑出来。"

盘圭："如果现在没有，只是在某种偶发的情况下才会出现，那么就是你和别人争执时，自己造就出来的，现在你却把它说成是天生，将过错推给父母，实在是太不公平了。"

信徒经此开示，会意过来，再也不轻易地发脾气了。

答案很自然也很明显，没有天生的脾气。任何人只要有心，没有改不了的恶习。

科学的解释也使我们不能把它作为为自己开脱的借口。科学家说，人之所以暴躁爱发怒，是和大脑神经系统有关。11 岁左右的青少年，正处于大脑前额叶皮层（在前额骨后）发育的阶段，大量的神经连接正处于"改造"之中，而大脑前额叶皮层对感情、道德等情绪有影响，并负责产生行动的神经冲动。大脑的其他部分，在这一年龄之前就基本发育完毕，前额叶皮层是大脑最后发育的部分，发育过程伴随整个青春期。这就导致了发育期的青少年有感情判断失常、举止暴躁等表现，如果他们顺利度过这一阶段，那么就会一切恢复正常了。也就是说，小孩子们为自己开脱可以原谅，而一个成年人则无法自圆其说。

对于脾气，你如果迷信，你就是愚蠢的。

生气可以，但是要有底线

在很多时候，人们在为自己找借口：生气是一种宣泄，而人的情绪需要适当地宣泄。因此，对别人的伤害是不可避免的。我们的社会尊重你渴望被别人了解和觉察的需要，也会允许你这么做，换句话说，社会允许你在一定的范围内宣泄你的生气。但是，它有个底线，谁也不能越过去。

俄罗斯第一任沙皇伊凡四世被后人称为“恐怖的伊凡”，他因使用极其残酷的手段来铲除政治上的反对者而著名。他同样把这种手段施之于平民身上。

诺夫格罗德是座被他的军队征服的城市，那里的居民过去可以随意同立陶宛人、瑞典人进行贸易，他们仍留恋那时的自由和开明的独立时代。在禁卫军侵入该地之后，珍惜最后自由的居民们更是惊恐不安，反抗、逃亡和袭击禁卫军的事件屡屡发生。一时间这一地区人心浮动。没想到在自己眼中毫不足惧的小民居然敢袭击自己的军队，敢和自己的王权对着干！这不是挑衅吗？伊凡在宫廷里来回不停地踱着步，大声咒骂着，狂呼着发布了征讨的命令。还有什么比反叛他的统治更令他愤怒的呢？

伊凡统领禁卫军和1500名特种常备军弓箭手离开莫斯科，于1570年1月2日来到诺夫格罗德城下。士兵们先在城市周围筑起栅栏，防止有人逃跑。教堂上锁，任何人不准入内避难。

审判开始了。每天，大约1000名市民，包括贵族、商人或普通百姓，被带到伊凡所在的广场上。不搞审讯，无须听取证言，不用辩护，没有判决，是诺夫格罗德城的人就有罪。当着妻子的面对丈夫用刑，当着孩子的面对母亲用刑。鞭打、裂肢、割舌头、削鼻子、去生殖器、文火烧身，最后用雪橇拉着这些血肉模糊，四肢不全的受害者的头和脚，飞速驶向沃尔霍河。在这里，丈夫与妻子，母亲与孩子，整家整户地被抛进冰凉的水里。浮出水面的人都被船上的禁卫军士用长矛、木棒或斧头打死。这样的屠杀整整进行了5个星期。据说，诺夫格罗德的死难者达2万余人、沃尔霍夫河被尸体拥塞，河水卷着鲜血和断臂残肢直泻拉多加湖。这些残酷的手段和场面在世界上是罕见的。

人们有时候以极端的方式表现出负面的生气情绪，是想要造成破坏，伤害别人，以达到惩罚别人的目的。例如父母会殴打小孩，让小孩感觉到身体的疼痛，以补偿大人心理的痛苦，他们同时也想要强迫小孩能对他们的权威和控制有立即而明显的反应，改变不当的行为。

但是，殴打小孩会造成孩子身体的痛苦和心理的怨恨，特别是如果父母只是为了发泄自己的生气和挫败感，而不是为了使小孩受到教育时；随着小孩渐渐长大，父母可能必须改用其他方式控制他们的小孩了。正如一个海洋动物学家所说的，“我们不能让一只一万两千吨的杀人鲸躺在我们的膝上，殴打它，在它们做得不对时，我们只好改用其他方式训练它们。”

同样的，人们极端的宣泄行为通常只会增加双方的紧张压力和彼此的憎恨，把更大的反作用力加到自己身上。

我们不能走极端。即使你再生气，再仇恨，也要有底线。

冲动是魔鬼，想好再生气

并不是所有的生气行为都是可以被否定的。有些情况下，人的生气是一种建设性的情绪。可是，我们如何才能知道并且把握哪一种生气是破坏性的、而哪一种是建设性的呢？

建设性的、有益的生气和不被提倡的生气之间最大的不同在于你的意图和目标。

你是仅仅为了发泄一下你的个人情绪呢？还是要坚持自己理智所认同的原则呢？

抗战英雄冯玉祥将军便是一个坚持原则的“发怒者”。五原誓师后，冯玉祥担任了国民军联军总司令。为了抵制官场歪风，杜绝上司敛财、下级行贿和低层官兵忍痛送礼、出份子的风气，冯玉祥不仅对外如此，在自己部队内更是如此。为了保护中下级军官和士兵的经济利益，冯玉祥特地规定：只准上级请下级吃饭，不准下级请上级吃饭；只准上级给下级送礼，不准下级给上级送礼。

当时的西北军生活非常艰苦。他和士兵们吃一样的饭菜，穿一样的衣服，丝毫不享受任何特殊待遇。冯玉祥生就一副铁塔般的身躯，但由于吃不饱，明显地消瘦了：颧骨突出、眼睛布满血丝、脸色蜡黄。见此情景，副官和厨师们急得团团转。当然，要使冯玉祥吃好并不难，只要从全军的军饷费用中抠出一些钱即可。可是，这种“喝兵血”的行为是冯玉祥深恶痛绝的。正当副官们一筹莫展的时候，五原县县长刘必达得到消息后，连忙从家里抓起两只鸭子，送到国民军联军司令部。

常言道：“官儿不打送礼的。”可是、冯玉祥却一点儿也不领情。对于这种违反他军令的行为，他显然很生气。只见他在办公室里快速踱来踱去，面色极其难看，终于忍不住向刘必达发作起来。大声质问道：“不知道我的军令吗？”“你好大的胆子！”

不仅如此，他还命令刘必达背出“送礼准则”，并责问他为何明知故犯。刘必达回答说因为考虑到冯玉祥是全军的主帅，吃不好饭会影响大事。冯玉祥则坚持认为官兵应该同甘共苦，只有这样，官兵才能心无二致。他面色涨得通红，脸上青筋暴起，最后情绪激昂地对刘必达说："你想想看，士兵吃糠咽菜，我坐在司令部里吃鸭子，我成什么人了？我的士兵还能和我一条心吗？这样下去，好端端组织起来的国民军不就完了吗？告诉你刘必达，今天我轻饶不了你。来人哪，给我拉下去，打20军棍！"在副官的引导下，五原县长拎着两只鸭子，垂头丧气地退出冯玉祥的办公室，无可奈何地伏在地上，挨了20军棍。

做人要有原则。只有用自己的实际行动，才能使人们认识到，是开诚布公无欺诈的。比如说，你想号令天下人清廉，而自己首先要做到；要想号令天下人公正，自己首先要做到公正；要想号令天下人节俭，自己首先要做到节俭。这就是人们所说的："无声的礼，不言的教化。"冯玉祥一生做事光明磊落，没有哪一点不可以对人说，他以身教重于言教，因而取得了卓越的成就。

坚持自我，坚持公正，这就是富有积极意义的目标和意图。我们生气的情绪以此作为分野。没有谁不需要有一定的原则来指导自己，没有谁会否认自立自重的重要性。

但我们要说，即使如此，我们仍然要改善我们的生气表达方式。即使在坚持自我表现、坚持原则的同时，也要尽量避免伤害别人。对大部分人来说，对自己感觉越好，就越不会以伤害自己或伤害别人的方式来表达情绪。这就是为什么改善你的自我尊重是相当重要的原因。有一个方法可以提高你的自我表现尊重：多和尊重你、支持你的人相处。有品质的人际关系会让你真实感受到认同感和归属感，他们会鼓励你说"不"！

真正有德的人总会精益求精。

焦虑情绪，你要学会避免

我们每个人都知道什么是焦虑：在你面临一次重要的考试以前，在你第一次和某一位重要人物会面之前，在你的老板大发脾气的时候，在你知道孩子得了某种疾病的时候，你可能都会感到焦虑不安。焦虑并不是坏事，适当的焦虑，对个体的生存保持警觉性，激发人的积极性，对促进个人和社会的进步都有好处。焦虑往往能够促使你鼓起力量，去应付即将发生的危机。

但是如果你有太多的焦虑，以至于达到焦虑症，这种情绪就会起到相反的作用——它会妨碍你去应付、处理面前的危机，甚至妨碍你的日常生活。

焦虑不仅可以引起心理上的变化，也可引起生理上的一系列变化。焦虑时，心烦意乱、坐立不安，搓手顿足、心绪不宁，甚至有灾难临头之感。工作学习时不能集中注意、杂念万千，做事犹豫不决。焦虑会影响睡眠，引起失眠、多梦或噩梦频繁。白天头昏脑胀，感觉过敏，怕噪音、强光及冷热，容易激动，常会有不理智的激情发作。生理方面，出现唇焦舌燥、口渴、多汗、心悸、血压升高及发热感，同时大小便次数增多。

严重时，有三种焦虑发作形式：

1. 濒死感。发作时胸闷，气不够用，心中难受，有快断气之恐惧，有人会在急诊室大呼："医生护士，快拿氧气来！"但决不会因此死人。

2. 惊恐发作。莫名其妙地出现恐惧感，如怕黑暗、怕带毛的动物、怕锋利的刀剪、怕床下有小偷……甚至素来胆大的人也会有恐惧，但指不出害怕的对象。

3. 精神崩溃感。此时心乱如麻，六神无主，有精神失控感，担心自己会"疯"而恐惧焦虑，但这决不会是精神病发作。

以上三种发作形式均短暂，只历时数小时，焦虑缓解后，一切如常、风平浪静。

长期处于焦虑状态可以引起诸多疾病，如焦虑性神经官能症，高血压、糖尿病、神经性皮炎等身心疾病。急性焦虑发作时，往往易引起脑血管破裂或心肌梗塞而死亡，故应对焦虑及时处理治疗。

放松自己的情绪，别紧张

过度精神紧张给人身心健康带来的威胁是明显的、严重的，那么应怎样做才能解除人的过度精神紧张而达到心理平衡呢？

提出合理的期望水平。俗语说人贵有自知之明，每一个人都应对自我有一个客观的评价，正确地分析自己的优势与不足，据此提出适合自己的合理期望，不要事事想成，也不要每一件事都要求完美。你的一生可能不很伟大，但却要活得有价值。各行各业的能手之所以能成功就是因为他们认识到了自我的优势，并根据优势提出合理期望。其实我们每个人都可以做到这一点。

保持幽默感。我们每个人都应活得轻松些，尤其当自己身处逆境时，要学会超脱，所谓“来日方长”，要看到生活好的一面，无忧无虑，自得轻松。

对自己说“我行”。做任何事都不要怕失败，因为只有自信才会使你抓住成功的机会。要善于挖掘自身的潜能，改善原有的认识结构和行为模式，以提高自己对周围环境的适应性和调节能力。克服自卑心理，因为生活中一个自我感觉强大的人要比一个自我感觉渺小的人精神负担要少得多。因此，认准了的事就去做，大声对自己说“我行”，那么你一定会获得成功。这里所说的自信不是狂妄自大，也不是自以为是，而要学会自我控制。如果只指望他人把事情办好，或坐等他人把事办好，就可能使你处于被动地位，也可能成为环境的牺牲品。因此，办任何事情，首先要相信自己，依靠自己，不要将希望寄托于别人，否则将坐失良机，产生懊丧心理，加重精神紧张。

当机立断。死守着一个毫无希望的目标，不论对你自己，还是对你周围的人，都会增加心理压力和精神紧张。一个聪明人一旦打算完成某项任务时，就应马上做出决断并付诸行动。当他发现已做的决定是错误的，就应立即另谋办法。优柔寡断，会加剧精神负担。

养成宽容的习惯。古人说得好：宰相肚里能撑船。只有心胸似海的人，才能有效地控制自己，特别是在挫折面前表现出大度。我们不应一遇挫折就自怨自艾，或在别人身上泄愤。应学会宽容和宽恕，这样你就能忘却那些不愉快的事，消除产生精神紧张的根源。大事不应糊涂，但小事不妨糊涂些，做个“难得糊涂”的人，这样，你会生活得比以前更轻松、愉快。

建立支持系统。人生之路并非全是坦途，生活中每个人都会遇到这样那样的麻烦，每个在困境中的人都希望得到别人的帮助，因而这要求我们必须建立相互支持系统。它可为你在挫折时提供良好的情感支持，令你减少孤独或紧张。你的亲友、同学、同事、邻里都可成为你的支持者。在这个人际圈当中，你要得到别人帮助就先要多去关心别人，而且关心别人还会使你有一种美好的感受。我们都是同样的人，别人碰上的事情您有一天也可能会碰上。生活的道路总不会是太平坦的。与周围的人建立友谊，可以增加来自外界的支持和帮助，从而减轻精神紧张。不要害怕扩大你的社会影响，这样有助你寻找应付紧急事件的新渠道。据美国科研人员在对2700多人进行为期14年的跟踪研究后指出，帮助别人有助于免除精神紧张，这就很能说明这个问题。

走出封闭的自我。自我封闭有两种。一是以自己为圆心，多是自卑心重或曾受到大的挫折，这只要加强自信正视现实就会逐步迈出自己编织的小圈子；二是以别人为圆心的自我封闭。我们中国人最能忍辱负重，有些人是为别人而活着，有的为父母，有的为儿女，有的为家庭，有的为事业，等等。虽然我们不崇尚完全以自我为中心，但也不能空来世上走一遭，只为别人拉磨盘，而把自己封闭起来，这样的活法哪能不累。走出去，做你喜欢的事，你将发现外面的世界的确很精彩，你的紧张、烦恼也将随风消散。

宣泄、抒发。经常处于精神紧张状态，累加起来，可能会吞噬掉我们健康的机体。我们需要对人诉说自己的感受，哪怕这样做改变不了多少事情。向谁诉说，取决于想要说的内容，必须选择合适的诉说对象。记住，绝对不要将不愉快的事情隐藏在自己的心里。

以仁待人。当别人身处困境时应乐于助人。在这种时刻，他们最需要你去倾听他们的诉说，需要你给予帮助。俗话说，善有善报，如果你有朝一日也出现某种危机之时，如果对方是一位真诚的朋友，他也会来帮助你的。

灵活一些。我们要完成一件工作，可能有许多方法，你自己的那种方法不一定是最好的，如果你总认为事事都必须按你的想法去做，那么当事物不按你的想法发展时，你就会烦恼生气。其实你的目标只应是把事情办成，至于方法，不必拘于某一种。

学会调整，别让自己抑郁

如果你持续两个星期以上表现出以下 5 个或以上的症状，你就需要就医或拜访其他心理健康专家：

- 持续的悲伤、焦虑或头脑空白
- 睡眠过多或过少
- 体重减轻，食欲减退
- 失去活动的快乐和兴趣
- 心神不宁或急躁不安
- 躯体症状持续对治疗没有反应
- 注意力难以集中，记忆力下降，决策困难
- 疲劳或精神不振
- 感到内疚、无望或者自身毫无价值
- 出现自杀或死亡的想法

当然，大多数的人只是轻微地感到忧郁，还达不到抑郁症的严重程度。但这时也需要引起重视，调整心态和生活方式，防止抑郁变得更加严重。

抑郁症在西方社会被称为“精神上的流行性感冒”，其传播范围之广，受其影响之容易，可以从“流感”二字看得出来。在东方社会，抑郁症也并不少见，尤其是中国人，性格内向，往往真实思想不愿暴露，宁愿被抑郁情绪折磨，也不愿向精神病专家进行心理咨询。如此发展下去，可由抑郁情绪跨入抑郁症患者的行列，有的人便以自杀了结。

一般而言，导致抑郁的原因主要是性格原因。所以我们首先要做的事就是改变自己看问题的方式，调整自己的心态。

造成这种情绪上的不良状态，主要与八种心态有关。

1. 走极端。这种现象表现为运用非此即彼的方式思考问题，不是白就是黑。这种人一遇挫折便有彻底失败的感觉，进而觉得自身已不具任何价值，失去

自信。

2. 以偏概全。认为事情只要发生一次，就会不断重现。生活中遇到困难与不幸，即认为困难、不幸会重复出现。一次恋爱失败，就认为以后也不会找到真心的爱人。

3. 消极思维。有的人遇事总想消极的一面，就像戴了一副变色镜看问题，滤掉了所有的光明，整个世界看起来暗淡无光，都是灰色的。他们常常用一个忧郁的假设支配着自己的思想，对事物只抓住它的消极部分，并牢牢记住。

4. 敏感多疑。有些人无事生非，终日担心自己将大病临头，遇事往往自我断论，主观猜疑，杞人忧天。

5. 自卑心理。有些人总习惯用悲观、消极、绝望的观点看问题，不自觉地具有自卑心理，在自卑的指引下，认为自己处处不如别人，例如当看见别人取得某种成功，就会想“人家有本事，我不能跟人家比”。如果自己遇到挫折，不去从根本上找原因，而是想“我的运气本来就不好”，毫无根据地自怨自艾或愤世嫉俗，导致本来松弛的情绪变得紧张。

6. 自我评价过低。有的人把一般性过失、欠缺、挫折和困难看得过于严重，似乎做了不可逆转的错事。生活中总是过分夸大自己的不足和过低估计自身的长处。做事时常常灰心大于信心。

7. 扩大推理。有的人把自己的不良感觉当成事实的证据，如：“我有负罪感，那么我一定是干了什么坏事”，“我觉得力不从心，那么我一定是‘低能儿’”。对失败只认为“早知道结果会是这样，又一次证明了我的无能”。尤其情绪低沉时，这种感觉推理特别活跃。

8. 自责自罪。有的人总是主动承担别人的责任，并且妄下结论，认为一切坏的结果都是自己的过失和无能所致。即使外出，正巧天气不好，也会自认倒霉。如果自己无意中有了过失，别人并没有计较，或者早已忘掉了，自己也还会忧心忡忡，担心别人对自己有看法、有成见。他们过分注意别人脸色，以至更加束手无策，不敢行事，或者自暴自弃，不能有所进取。此种变形的自卑、内疚心理，来源于人格的变形和过分的责任感及义务感。

以上的错误认知，导致了许多人陷入抑郁困境而不能自拔。

再有就是生活中的一些事件、挫折也会导致抑郁，比如患了重病、顽疾，家庭出现了大的纠纷，工作、事业遭到了重大失败，等等。

横看成岭侧成峰，远近高低各不同

若论“内功”，古人恐怕谁也及不上苏东坡。他的豪迈与豁达一半来自于生性，一半来自于非凡的经历。

一个没有超凡经历的人是难有超凡的人生感悟的，一个未经风雨洗礼的心灵，也难以得到真正的升华。许多田园派诗人觉得宦海沉浮难料，世事变幻莫测，从而过起“采菊东篱下，悠然见南山”的隐居生活，可是他们真的体会得出“悠然”的心境吗？

苏轼做到了，翻开他的放逐史，你会发现那与游记无异。虽然他有罪在身，生计窘迫，却还在用清新明快的文字记述游历，用潇洒的笔触题诗作文。《题西林壁》是苏轼获罪流放黄冈途中游庐山西林寺时所题：

横看成岭侧成峰，
远近高低各不同。
不识庐山真面目，
只缘身在此山中。

此时的苏轼已经远离了官场，心中是否已经洞明官场上的尔虞我诈，诡怪伎俩？是否已经看清了自己的仇人为何要处心积虑地置己于死地的真面目？这首诗看似信手拈来，却可以窥探出苏轼的一点心路历程。他虽然丢了高官厚禄，但是，“芒鞋青竹杖，自挂百钱游”，也别有一番情致。他的“内功”少了虚浮和华彩，增添了更多的平和与安然。

免不了要提起苏东坡千古流芳的《念奴娇·赤壁怀古》，那一句“大江东去”让多少人的心胸立时豪迈奔放。其中赞颂着英雄的千秋功业，又融入了词人的凄婉之情。评论家们都认为这首词是苏词造诣上的巅峰之作，是他人格上完全成熟的标志。我觉得，这首词更将苏轼厚积薄发的“内功”表现得淋漓尽致。

若论经历和资质，李白、杜甫、曹操、陆游等都称得上是人杰了，但他们的“内功”和苏轼的不一样。李白赞颂的是及时行乐的人生，一生性情放浪不羁，飘飘欲仙；杜甫毕生穷困潦倒，“艰难苦恨繁霜鬓，潦倒新停浊酒杯”，永远过着忧国忧民的日子；曹操常想人生苦短，应在有生之年完成大业，虽“烈士暮年”，仍“壮心不已”；爱国诗人陆游的一曲《一剪梅》似乎过于凄凉，“驿外断桥边，寂寞开无主……”可是苏轼不同，“羽扇纶巾，谈笑间樯橹灰飞烟灭”的少年公瑾已不复存在，面对滔滔的江水，无奈地笑起了多情的自我。还是还一杯浊酒给江月，还自己一颗豁达淡然的心吧。他不特意追求什么，也不极度地放纵享受，更不会被一时的悲伤失意所羁绊。他用豁达开朗的心胸承受着不平的待遇，淡然地过着平实的日子，并活出了人生的真谛。随着岁月的积淀，苏轼的“内功”越来越深厚和纯真。

《前赤壁赋》中苏子与客的一段对白最能体现出东坡的真性情了。面对清风江月，客心中满怀哀怨，言道连曹孟德这样盛极一时的世之枭雄都难长久，况你我一样“侣鱼虾而友麋鹿”的山野樵夫？客道：“寄蜉蝣于天地，渺沧海之一粟。哀吾生之须臾，羡长江之无穷。”苏子却曰：“客亦知夫水与月乎？逝者如斯，而未尝往也；盈虚者如彼，而卒莫消长也。盖将自其变者而观之，则天地曾不能以一瞬；自其不变者而观之，则物与我皆无尽也，而又何羡乎？”就是说如果用变化的观点看事物，天地万物都是转瞬即逝的；如果用不变的观点看事物，那么物和我都是永存的，无止境的，又有什么值得羡慕的呢？相信所有的人都会为这智慧的辩白而心头一震吧？

接下来的一段话更进一步，更加精彩：“且夫天地之间，物各有主，苟非吾之所有，虽一毫而莫取。惟江上之清风，与山间之明月，耳得之而为声，目遇之而成色，取之无禁，用之不竭，是造物者之无尽藏也，而吾与子之所共适。”东坡不但坦然地接受了不能获取某些东西的事实，而且又欣然地接受了造物主特别的恩赐，心存感激，有如此心性的人，怎能不永怀一颗平常心、知足心呢？在顺境中，他能感恩戴德，扶摇直上；在逆境中，他亦能逆来顺受，豁达从容。这恐怕就是苏东坡何时何地都能起效的“内功”吧。

采菊东篱下，悠然见南山

东晋后期的大诗人陶渊明可算是一个在山水田园中寻找清静环境，以化心中愤疾的典型代表。他是名人之后，他的曾祖父是赫赫有名的东晋大司马。年轻时的陶渊明本有“大济于苍生”之志，可是，在国家濒临崩溃的动乱年月里，陶渊明的一腔抱负根本无法实现。加之他性格耿直，清明廉正，不愿卑躬屈膝攀附权贵，因而和污浊黑暗的现实社会发生了尖锐的矛盾，产生了格格不入的感情。

为了生存，陶渊明最初做过州里的小官，可由于看不惯官场上的那一套恶劣作风，不久便辞职回家了。后来，为了生活他还陆续做过一些地位不高的官职，过着时隐时仕的生活。

陶渊明最后一次做官，是义熙元年（405 年）。那一年，已过“不惑之年”（41 岁）的陶渊明在朋友的劝说下，再次出任彭泽县令。

陶渊明在做彭泽县令时，有一天郡里派遣督邮到彭泽县来检查工作。县里的小吏听到这个消息后连忙去报告陶渊明。此时，陶渊明正在他的书房里兴致勃勃地读书写诗。他听到小吏说督邮来检查工作，感到十分不快，不过他还是放下纸笔，和小吏一同去会见督邮。小吏看见陶渊明穿着一身便服，非常吃惊地说：“上级来视察工作了，你作为一县之令，应该穿上官服，束上带子恭恭敬敬地去迎接才好，你怎么能够穿着便服呢？”

陶渊明一向讨厌倚仗权势、盛气凌人的官僚，听小吏说还必须穿着官服去向督邮行拜见礼，他觉得这是他无论如何都接受不了的事。他叹息着对小吏说道：“我可不愿意为了五斗米的俸禄，就躬着腰向那些人作揖打拱，做出曲意逢迎的样子来。”说完，陶渊明不仅不去会见上面来的督邮，而且拿出县里的大印和官服交给小吏，说：“督邮来了，请你把这东西交给他吧。”

就这样，陶渊明辞掉了官职，轻轻松松地回家去了。回到家乡以后，他仿佛就像从一个乌烟瘴气的地方突然来到了空气清新、阳光明媚、充满着生命活力的花园里，心情格外地畅快。从此一直过着鸡鸣起而耕，夕阳落而息的生活，尽管生活并不宽裕，但每天与大自然相处，享受着山水的乐趣，精神上充分地获得自由，从而得到了“采菊东篱下，悠然见南山，山气日夕佳，飞鸟相与还”的佳句。诗句由对山水之境的游历观赏，而进入超脱的心之游历，从而得到一种哲学的领悟，发现了身处其间的这个世界的纯真意义。

陶渊明流传下来的诗歌大约有一百二十首，另外还有散文、辞赋多篇。其中田园诗是陶诗的重要部分，内容描写农村生活、田园风光和淳朴的风俗人情。如四言《时运》、五言《归园田居》等。这些田园诗抒发了作者对宁静闲逸生活的衷心喜爱，表现了作者淡泊旷达、安贫乐道的品格。艺术上，他追求诗歌语言朴素明洁，平淡自然，使人感到像是从“胸中自然流出”，没有一点斧凿痕迹，为古典诗歌开辟了田园诗的新境地。同时，诗人还写了一些咏怀、咏史的篇章，这些诗通过对自己一生经历中的种种感受、体验和对历史的缅怀，寄托诗人的社会理想，对黑暗的现实具有批判意义。与田园诗相比较，这类诗更富于政治性和现实性。陶渊明的辞赋散文，数量不多，但思想、艺术上都有独特的成就。像《桃花源记》《归去来辞》《五柳先生传》直到今天仍是传诵的名作。

“幸福三绝”

“唉，活得太累了！”现今谁没有这样深深的疲惫？

然而，在京城，有位九十多岁高龄的老太太却轻松悠闲地微笑着，用那略带合肥口音的普通话告诉我们，做一个好人其实很容易，拥有一个幸福的人生其实也很简单：“第一是不要拿自己的错误惩罚自己，第二是不要拿自己的错误惩罚别人，第三是不要拿别人的错误惩罚自己。”她笑笑，晃了晃板起的三根手指，满脸都是返老还童的天真和曾经沧海的从容，“有这么三条，人生就不会太累了……”

多么朴素的心语啊！道出这“人生幸福三诀”的老太太名叫张允和。张允和是一个具有传奇色彩的古稀老人，她甚至还被人称作是中国“最后的闺秀”。她可是位有来历的知识女性哩！她的夫君是著名语言学家周有光，有人说：“周有光的平和宁静与广阔深邃，会让你不由自主地联想到无边无际的大海。”她的妹夫是由她玉成美满婚姻的大文豪沈从文。对于沈从文，史家更有斩钉截铁的定评：“无瑕人品清于玉，不俗文章胜似仙！”而张允和本人，也曾颠沛流离，也曾死里逃生，是人生的苦难与艰辛使她大彻大悟道出了“幸福三诀”。

“不要拿自己的错误惩罚自己”。扪心自问一下，人间有多少烦恼是自己同自己过不去哟！人非圣贤，谁能无过？如果一有过错，就终日沉陷在无尽的自责、哀怨、痛悔之中，那么其人生的境况就会像泰戈尔所说的那样：不仅失去了正午的太阳，而且将失去夜晚的群星。

“不要拿自己的错误惩罚别人”，这样浅显的道理谁都明了，但知易行难。人们都会为自己的过错而痛悔，但不少人痛悔归痛悔受伤的虚荣心却还要疯狂地寻找能够掩饰伤口的更大虚荣，于是，他就情不自禁地要去惩罚别人；而那些无辜地受到惩罚的“替罪羊”，或迟或早势必都要奋起自卫。这样“拿自己的错误惩罚别人”，人生岂能不累？因此，“不要拿自己的错误惩罚别人”，并不是一种很容易达到的境界，它需要“胸藏万汇凭吞吐”的大器量。

“不要拿别人的错误惩罚自己”，许多人也许骄傲地说，这不是对我的写照，然而我却以为：未必！如果不拿别人的错误惩罚自己，那怎么会不时生发出这样的一些邪念：他都敢见死不救，我又何必见义勇为；他都敢贪污受贿，我又何必清廉自守；他都敢男盗女娼，我又何必故作清高？芸芸众生，谁也不要嘴硬，我们何尝不会这样拿别人的错误惩罚自己呀！正是这种惩罚，使我们感到活得很累。

张允和老太太那平和的微笑，以及这平和微笑里蕴含着的多少沧桑，那朴实而平静的心语，是让人回想联翩。

人生在世，最重要的是做一些有意义的事，才无愧于自己美好的生命。不要把时间耗在争名夺利上，不要总把“就争这口气”挂在嘴边。真正有水平的人会把这口气咽下去，因为气都是争来的，你不争就没气，只有没气你才会做好事情，也只有没气你才会健康地活着，好生气的人很难不生病。

人，为什么只有虚弱的时候（譬如婴儿、老人、病人）才会珍惜生命，才懂得爱与被爱呢？命运竟是如此残酷：我们自作聪明，自欺欺人，而上苍冷眼旁观，暗自发笑。

人活一辈子，只有“开心”两字让人最心动。开心是一种生命的状态，是一种宁静的心情，是自己想开了的硕果，别人想争也是徒劳。开心让你忘记和别人争名利、论是非；和别人斗心眼儿、生真气；和别人抢位子、夺情感……开心给你一颗坦然的心，给你一个宽阔的视野，给你一个清醒的头脑，让你从忙着斗天、斗地、斗人，精心计算，日夜辗转中摆脱出来，让你明白自己的生活状态，让你明白自己一生到底需要什么，让你明白真正的幸福是什么，在何处，如何拥抱。

开心是一种智慧。难得糊涂是开心，笑对挫折是开心，活得简单是开心，身体健康是开心，活出自己也是开心。获得成功要开心，失去机会也要学会想开，也要开心。

开心本身就是幸福，是幸福的最大标准，也是幸福的原本。

人在世上生活，需要经常反省

被西方学者称为“中国最后一个儒家”的梁漱溟先生，活到95岁遐龄，多得益于他的养生之道。梁先生是大哲，岸然介守，一般人自不能相比，然而，并非不可相通或取法。特别是近来，时常看到身边一些离退休老人，日居快快，苦于生活无趣无聊，往往精神委顿，于是想到了梁漱溟一生“天行健，君子以自强不息”的生命状态。

梁先生养生的第一要旨是养身先需养心，即首先需在整体气局上有一个宏观的看法，就是人们常说的“想得开”。当然这个“想得开”，在梁先生那里，是哲学化、体系化的一种人生见解，是参合了儒家与佛教的思想的。在他看来，“人在世上生活，如无人生的反省，则其一生就活得太粗浅，太无味了。”生活，加上“反省”，就是理性的人生，就能生活出滋味。这是儒家的倡导。

梁先生知名于他早年的“文化三路向”说。他认为，文化即生活的样法，这可以分为三类：一种是“逐求”式的，即西方人的勘天役地，“于现实生活中逐求不已，如饮食、名誉、声、色、货、利等。一面受趣味引诱，一面受问题刺激，颠倒迷离于哭乐中，与其他生物亦无所异”；一种是“厌离”式的，即印度人的出世宗教。“当人转回头来冷静地观察其生活时，即感觉得人生太苦。一方面自己为饮食男女及一些欲望所纠缠，不能不有许多痛苦，而在另一方面，社会上又充满了无限的偏私、嫉妒、仇怨、计较以及生离死别种种现象，更促使人感觉得人生太无意思。如是，乃产生一种厌离人世的人生态度”。

如果说“逐求”是限于“饮食男女”等等不能超拔，“厌离”又太消极，那么“郑重”式的，便是儒家执着的一种生活样式。说它“郑重”，是既在“不反观自己时——向外用力”，又在“回头看自家时——向内用力”，尤“能将全副精神照顾当下”，天人合一，听从生命的自然安排和发挥。梁先生把这种生活样式称为“道德的路”，以区别于“世俗”的、“宗教”的生活之路。这个说法对不对且不说，但其中展示的中国式的生活态度是值得品味的。对生活不取逐求和厌离，而取“郑重”的态度，“尽力于当下之生活”，且能“心里极干净，无丝毫贪求之念”，这是养生所必取的一种人生境界。

其实，老年人渡过人生种种关卡后，在“夕阳无限好”的晚年，大多数人是能够领悟人生而获取梁先生的见解的。

其次是“动”与“静”的辩证观。生命在于运动，这是人们熟识的基本道理。梁先生也以为“人生当时时采取主动，不要落于被动。疾病之来，都是身体落于被动而反抗斗争之事，吃药又使身体在被动中，不如采取主动手段，如静坐、习拳为好”。深居简出，容易成为老年人的一种生活习惯；有了病，又常常依赖药品，缺乏锻炼身体、抵御疾病的意识，也是一种常见的痼习。这都要不得。应该如梁先生所劝诫：“采取主动手段”，做一些适合自己的运动项目。

有人说，生命在于静止。梁先生也是主静的，即“一念不起，先从大脑休息入手，久之可渐渐入静”。这对调节身心很有好处。然而如何达臻“入静”的效果？梁先生又说：“我青年好佛，习静坐，始终未能一次入静，且患失眠甚重，延至中年以至六十之年，犹时时患之，后借北戴河疗养院之助略有所得。”可见“静”并非仅仅“入静”即可，要参以一定的“动”的运动项目和活动方式。

气功之外，梁先生推崇“诵经”。原来佛医相通。他自己诵经，并劝友人“病中宜勤诵《金刚金》文，如不能全背诵之，则背诵其一二章节亦好。如此则杂念可减，而心境可净可静。生死犹昼夜耳，不必在心”。“诵经可减少烦恼而智慧开朗，要不求甚解，贵在讽诵中不知不觉扫除执着”。当然我们不必效仿，也有不信仰的自由，而梁先生以“不求甚解”相要求，也是导人以通达地面对宗教的方法。随着工业社会的纵深和宗教政策的稳定，很多人都在关注宗教的内在价值了。作为梁先生日课工夫的“诵经”，且不说它的宗教功用，就其养生的功用，我看应该肯定。导人以“静”，每遇大事有静气，勿大悲，勿大喜……确有奇效。

梁先生日常的养生方法有气功、十二段锦、诵经等，据其介绍，入静可“跏趺或平卧等，取其安适舒服，随意行之”，以“松静暗示法，致全身放松，大脑虚静”，至而“可任其睡去”。“入静不必喜，尤不可事后追求再现”，须“一切放下”，此为“最要诀警省语”。内功，则“衣带宽解，筋骨松弛，气沉丹田，全身上虚下实”，呼吸吐纳间，“鼻息从容自然，呼吸达于腹部”，配合入静“以心恬静而明惺（醒悟）为最好，乃将入于一念不起之境”。作功时不拘时地，但要“持久耐心”。此外，梁先生是一生坚持素食的。

梁先生的养生之谈，都是他哲学观念的外化形式，我们不一定去刻意效法，但应该汲取他所追求的养生境界。梁先生一生跌宕的经历说明，人生狂狷或有时，儒释或有时，无处不在的正是那鲜活生命的不竭流淌。

吃好睡好，幸福来找

陈立夫是当年“蒋宋孔陈”四大家族中，最长寿一个人物，生于1899年，时至今日，已经跨入他人生的第三个世纪，成为一名高寿老人。

立夫老人写过一篇《我怎么会活到一百岁》的长文，文章开卷语写道：“长命百岁，是人人所期望的，但是非人人所能达到的。其原因甚多：有属于先天所禀赋、有属于后天的保养、有灾难而能逃过、有俗务而能减少。”

先天的禀赋是长寿的基础。立夫老人称自己一生能熟睡，且不发脾气。二十七岁担任黄埔军校校长办公厅机要秘书，二十九岁担任中央党部秘书长，三十二岁担任组织部长，一生换过180个部门，事务繁忙，每次遇到困难，往往只怪自己，不怪人家，所以从不发脾气。

后天的保养是长寿的关键。立夫老人在他百岁华诞时，就长寿的秘诀，手书一联，昭示世人：养身在动，养心在静，饮食有节，起居有时，物熟始食，水沸始饮，多食果菜，少食肉类，头部宜冷，足部宜热，知足常乐，无求乃安。

立夫老人深谙养生之道，尤其看重后天的保养，他感慰自己，身体并不特别强壮，亦曾因胆结石及膀胱结石，动过外科手术，其他的病亦曾生过，今居然能活到一百岁。老人回忆自己少年时在上海求学，各种球类运动均好参与，也好赛跑、游泳、滑冰、打拳，非求胜也，乃求动也。

陈立夫在台湾的养老生活中，有两件事最令人印象深刻。一是他每天5点钟起床，自行按摩10分钟，已持续了45年；三顿饭后散步，每次约走五六百步，此举已有20年。二是他在妻子过世后，将原本天母山上的别墅出售并捐献给“立夫中医院研究基金会”等公益团体，使自己成为“无壳蜗牛”。

大难的逃避是长寿的保证。老人的青少年时期，生逢乱世，身在军界，终其一生，在煤矿下遇险4次，天空中遇险5次，地面上遇险2次，可谓九死而一生了。

减少俗务是长寿的节能油。老人从八十岁生日起，就自订六个“不为”原则，谢绝一切礼义俗务，且遵守不渝。

老人感喟自己：正是有以上的诸多因素，自己乃能达致百岁之年，天命亦人力焉！